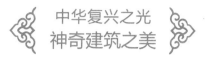

中华复兴之光
神奇建筑之美

古都厚重神韵

胡元斌 主编

汕头大学出版社

图书在版编目（CIP）数据

古都厚重神韵 / 胡元斌主编. -- 汕头 : 汕头大学
出版社，2016.3（2023.8重印）
　（神奇建筑之美）
　ISBN 978-7-5658-2449-4

　Ⅰ．①古… Ⅱ．①胡… Ⅲ．①首都－介绍－中国－古
代 Ⅳ．①TU-098.12

中国版本图书馆CIP数据核字(2016)第044002号

古都厚重神韵　　　　　　　　　GUDU HOUZHONG SHENYUN

主　　编：胡元斌
责任编辑：宋倩倩
责任技编：黄东生
封面设计：大华文苑
出版发行：汕头大学出版社
　　　　　广东省汕头市大学路243号汕头大学校园内　邮政编码：515063
电　　话：0754-82904613
印　　刷：三河市嵩川印刷有限公司
开　　本：690mm×960mm　1/16
印　　张：8
字　　数：98千字
版　　次：2016年3月第1版
印　　次：2023年8月第4次印刷
定　　价：39.80元
ISBN 978-7-5658-2449-4

前言

党的十八大报告指出："把生态文明建设放在突出地位，融入经济建设、政治建设、文化建设、社会建设各方面和全过程，努力建设美丽中国，实现中华民族永续发展。"

可见，美丽中国，是环境之美、时代之美、生活之美、社会之美、百姓之美的总和。生态文明与美丽中国紧密相连，建设美丽中国，其核心就是要按照生态文明要求，通过生态、经济、政治、文化以及社会建设，实现生态良好、经济繁荣、政治和谐以及人民幸福。

悠久的中华文明历史，从来就蕴含着深刻的发展智慧，其中一个重要特征就是强调人与自然的和谐统一，就是把我们人类看作自然世界的和谐组成部分。在新的时期，我们提出尊重自然、顺应自然、保护自然，这是对中华文明的大力弘扬，我们要用勤劳智慧的双手建设美丽中国，实现我们民族永续发展的中国梦想。

因此，美丽中国不仅表现在江山如此多娇方面，更表现在丰富的大美文化内涵方面。中华大地孕育了中华文化，中华文化是中华大地之魂，二者完美地结合，铸就了真正的美丽中国。中华文化源远流长，滚滚黄河、滔滔长江，是最直接的源头。这两大文化浪涛经过千百年冲刷洗礼和不断交流、融合以及沉淀，最终形成了求同存异、兼收并蓄的最辉煌最灿烂的中华文明。

五千年来，薪火相传，一脉相承，伟大的中华文化是世界上唯一绵延不绝而从没中断的古老文化，并始终充满了生机与活力，其根本的原因在于具有强大的包容性和广博性，并充分展现了顽强的生命力和神奇的文化奇观。中华文化的力量，已经深深熔铸到我们的生命力、创造力和凝聚力中，是我们民族的基因。中华民族的精神，也已深深植根于绵延数千年的优秀文化传统之中，是我们的根和魂。

中国文化博大精深，是中华各族人民五千年来创造、传承下来的物质文明和精神文明的总和，其内容包罗万象，浩若星汉，具有很强文化纵深，蕴含丰富宝藏。传承和弘扬优秀民族文化传统，保护民族文化遗产，建设更加优秀的新的中华文化，这是建设美丽中国的根本。

总之，要建设美丽的中国，实现中华文化伟大复兴，首先要站在传统文化前沿，薪火相传，一脉相承，宏扬和发展五千年来优秀的、光明的、先进的、科学的、文明的和自豪的文化，融合古今中外一切文化精华，构建具有中国特色的现代民族文化，向世界和未来展示中华民族的文化力量、文化价值与文化风采，让美丽中国更加辉煌出彩。

为此，在有关部门和专家指导下，我们收集整理了大量古今资料和最新研究成果，特别编撰了本套大型丛书。主要包括万里锦绣河山、悠久文明历史、独特地域风采、深厚建筑古蕴、名胜古迹奇观、珍贵物宝天华、博大精深汉语、千秋辉煌美术、绝美歌舞戏剧、淳朴民风习俗等，充分显示了美丽中国的中华民族厚重文化底蕴和强大民族凝聚力，具有极强系统性、广博性和规模性。

本套丛书唯美展现，美不胜收，语言通俗，图文并茂，形象直观，古风古雅，具有很强可读性、欣赏性和知识性，能够让广大读者全面感受到美丽中国丰富内涵的方方面面，能够增强民族自尊心和文化自豪感，并能很好继承和弘扬中华文化，创造未来中国特色的先进民族文化，引领中华民族走向伟大复兴，实现建设美丽中国的伟大梦想。

目 录

古都商丘

　　古都商丘位于我国河南省最东部，是华夏文明的发祥地，也是我国夏朝和商朝最早建都的城市，有5000年的文明史，4600余年的建城史，是我国历史文化名城之一。

　　商丘是我国钻木取火和中华商人、商品和商业的发源地，也是"三皇五帝"时期以及夏朝、商朝、周朝宋国、西汉梁国和南宋等朝的建都之地。

　　此外，古都商丘还孕育了主导我国2000多年的封建历史，和以儒家为主体、道家和墨家与之争鸣的中华民族本源的思想体系。

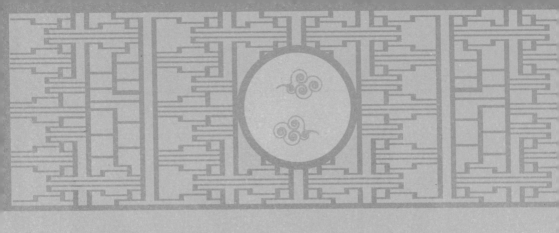

三皇五帝开创中华远古文明

商丘位于亚欧大陆东岸，我国东部，简称商或宋，拥有1500多年建都史、4600多年建城史，是我国古都之一，也是我国历史文化名城。因商人、商品、商业发源于商丘，商朝建都于商丘，商丘被誉为"三商之源，华商之都"。

商丘的历史非常悠久。早在上古时期，商丘就已经是帝王之都。"三皇五帝"之中的颛顼与帝喾先后建都于商丘。后来帝喾之子契，也就是阏伯受封于商，即后来的商丘。此外，汉字的创造者仓颉也曾在商丘境内活动。他们和商丘人一起创造了我国古老的文明。

远古时期，燧人氏学会了钻木取火，他又将取火方法教给部族成员，人

类由此迈向了文明。后来，为了表达对燧人氏的感激与崇敬，人们推奉他为"三皇之首"。燧人氏死后就葬于商丘古城西南的燧皇陵。

燧皇陵位于商丘古城西南处，历经多次修复和扩建，占地面积293多平方千米。

墓冢呈方锥型，前面延伸有神道，两侧有龙凤麒麟等石像，周围有松柏环绕，郁郁葱葱。陵前高台可容纳1500人同时祭拜。陵园内绿草成茵，繁花似锦。

燧人氏墓冢高大，经历代重修，燧皇陵已形成一个占地面积约4万多平方米的陵园，长达5千米的围墙和墙瓦古色古香，陵门三楹，十分壮观。进入燧皇陵，首先看到的是一条神道，神道两边，有排列整齐的石雕，庄严肃穆，燧人氏墓冢和雕像矗立于陵区的中心，四周翠柏环抱，绿草如茵。

炎皇又称炎帝，别号朱襄氏，就是我国传说中的神农氏，是我国传说中农业和医药的发明者，为"三皇"之一，死后被人们运回了祖居地和建都地商丘柘城东处。炎皇曾以陈州为都，陈州的柘城，就是后来的商丘柘城，当时属于陈州辖区，所以说炎帝神农氏就曾定都于商丘。

炎皇神农氏德高望重，他在这里安葬并建祠供世代祭祀。炎帝陵就是朱襄陵，位于河南柘城县东5千米处，是商丘市重点文物保护单位。这座古老的寺院，石碑、古树具有600多年的历史，后世又对先祖殿和先祖墓不断重建和整修。

仓颉是黄帝的史官，相传汉字就是他创造的。他的坟墓位于商丘虞城。颛顼是黄帝的后裔，黄帝死后，因颛顼有圣德，就立他为帝。颛顼定都于帝丘，就是后来的河南濮阳西南，死后葬于商丘聊城。

颛顼的侄子帝喾曾在商丘建都。他前承炎黄，后启尧舜，奠定了华夏的根基，是我们华夏民族的共同人文始祖，也是商族的第一位先公。帝喾从小德行高尚，聪明能干。他15岁时就被颛顼选为助手，因有功被封于辛，就是商丘的高辛。

帝喾成为天下共主后，统领8个部落，把亳都作为都城，亳都就是河南商丘。帝喾在位期间，游察四方，向百姓普施恩德，并以仁德、信义和勤劳施教于民，各部落以和睦友好为上，各部落互相亲善，友好往来。

据有关考证，仅帝喾一系，就派生出一千多个姓氏，遍布海内外。在《百家姓》中，有240多个源于商丘。也就是说，商丘是中华姓氏的重要发源地。

帝喾死后葬于他的故地辛，建有帝喾陵，在帝喾陵前建有帝喾祠和禅门等建筑。

帝喾陵后世经过多次修复，殿宇雄伟壮观，松柏苍郁，碑碣林立。梁上绘有彩龙，栩栩如生。在庙堂内中央有一口古井，相传大旱之年求雨多有灵验，所以被人们誉为"灵井"。陵前存有帝喾祠、沐浴室、更衣亭和禅门等古建筑，院中有大量碑刻。

相传帝喾的次妃简狄，因吃玄鸟而生阏伯，阏伯也就是商的始祖。因"玄鸟生商"的传说，商丘古时也被称为"燕城"。

后来，帝喾命忠诚而勤勉的阏伯在商丘任"火正"，专门负责管理火种与祭祀星辰。从此，阏伯就成了商的"火正"，封号为"商"。同时，帝喾封实沈率族人去了大夏，令他在大夏筑高台观测天象，主要观测参星，即太白金星。

阏伯被封到商后，终日为火事操劳，让火经久不息。大家感激阏伯，尊他为"火神"。阏伯在商管火的同时，还筑台观察星辰，以此为依据测定一年的自然变化和年成好坏，为我国古老的天文学作出了贡献。

阏伯死后，人们怀念他的功德，就以最厚的葬礼把阏伯安葬在他生前存放火种和观察星辰的高地上，并将那里尊称为"阏伯台"或"火星台""火神台"。

火神台位于商丘古城西南，为圆形夯土筑成，台高35米，台基周长270米，是我国最早的授时台，也是我国唯一的民用授时台。

后来，阏伯死后还被尊为"商星"，而他的弟弟实沈死后被尊为"参星"。传说在"商星"和"参星"这两个星宿中，只有一个落下的时候，另一个才会升起。

按照当时的风俗，悼念他的人每人都要往他坟上添一包黄土，因而，他的墓冢被堆得越来越大，由于阏伯生前的封号为"商"，这座墓冢从此便被人们尊称为"商丘"。时间长了，"商丘"便成了这里的地名了。

商丘是中华姓氏的重要发源地，据有关考证，仅帝喾一系，就派生出姓氏1200多个，其中单姓700多个，复姓400多个，遍布海内外。

除帝喾后裔外，有据可查姓氏在商丘的，还有葛、虞、陶、陈、田、桑、甾、犬、火、睢等。汉民族人口最多的100个大姓氏中，帝喾之后占59个。在《百家姓》438个姓氏中，有242个源于商丘。后来的姓氏中，朱、傅、宋、葛、汤、虞、华、龙等千余个姓氏的"根"在商丘。

我国台湾省的"陈、林、黄、张、李、王、吴、刘、蔡、杨"10大姓氏中，有7个姓氏的"根"就在商丘。

知识点滴

商汤把亳都作为开国之都

　　相传，我国最早有文献记载的一位夏族首领鲧是颛顼的后裔。鲧死后，他的儿子禹因治水有功被舜推举为继承人。后来，禹的儿子启被民众拥戴为夏族联盟首领。

　　启在晚年逐渐疏于朝政。后来，东夷族有穷氏首领后羿趁机掌握了夏政权。

　　后羿独承王位以后不久，即被寒浞杀死。此后，寒浞又消灭了夏后相，但相怀有身孕的王后成功逃生。并生下了少康。

少康长大后，忠诚有德，果敢精明，受到虞国首领虞思赏识。少康势力日益强大，后来攻克旧都，诛杀寒浞。夏由此复国，建都纶邑，就是后来的商丘夏邑。

少康病死后，他的儿子杼继位。杼的统治，使夏朝进入了最鼎盛时期。

少康的孙子夏桀继位

以后，不思改革，骄奢自恣，夏朝进一步衰落。但在这一时期，活动在黄河下游的商部落逐渐强盛起来。阏伯的第六世孙，商部族首领、华夏的经商始祖王亥与他的部族在商丘一带的活动日益频繁。

大约在公元前1600年，商汤在名相伊尹的谋划下，采取措施，削弱夏朝实力。后来，商汤俘获了夏桀，夏桀因放逐而被饿死。

不久，在方国部落的支持下，商汤正式称"王"于亳，就是后来的河南商丘，夏朝从此宣告灭亡。

据古文献记载，亳城在山东曹县南处，曹南山的南面，在它旁边就是蒙城。而大蒙城在曹县以北，蒙城与北亳相距约15千米。如果按照这一记载数字推算，恰好位于后来的曹县土山集一带。

商汤建国后便扩建亳都，继续征伐，以拓展商朝的统治区。在商汤统治期间，社会安定，国力强盛。不仅商国内的众多诸侯当时前往

商都毫邑进行朝会，就连西方的氐羌族人也来表示对商的臣服，承认商的王权。

商代是我国历史上的第二个奴隶制国家，也是我国第一个有直接的同时期的文字记载的王朝。

商汤以后至仲丁时期，实行兄终弟及、无弟就传子的继承制度。

仲壬在位时期商朝日益兴盛。其子太甲继位后，由四朝元老伊尹辅政。太甲在位期间，百姓安居乐业。太甲被后世尊称为守成之主"太宗"和商代的"盛君"。

从太甲到太戊，是商王朝巩固和发展的时期。太甲去世后，其子沃丁继位，仍以伊尹为相。自商汤至沃丁，伊尹已是商代五朝右相了。

相传，伊尹不但是我国发明中草药煎服的第一人，他还精于烹饪，在烹饪方面有许多发明创造，被后人尊为"烹饪鼻祖"。

伊尹死后，安葬在商丘虞城。伊尹墓位于现在商丘市虞城县谷熟镇南，周围古柏环绕，绿木参天。伊尹墓前建有伊尹祠。墓冢高3米、周长50米。有的古柏距今已有1400多年的历史，最大的直径3米多。这些古柏四季葱茏，遮天蔽日，蔚为壮观。

到雍己继位时，因其不思进取，政事荒废，商朝开始衰落，甚至发生过诸侯不来朝会的情况，但由于商王朝的基础较为厚实，所以其统治依然比较稳定。

雍己之后，他的弟弟太戊继任，起用了伊尹的儿子伊陟为相。在太戊的励精图治下，商王朝又得以复兴了。

太戊时期的农业生产已经达到较高的发展水平，生产工具以石、骨、蚌制成的斧、刀、镰为主。农业生产规模已相当大，畜牧业发达，并且掌握了猪的阉割技术，开始了人工养淡水鱼。

随着农业和手工业生产的发展，商业也有了一定程度的发展。各部落商品频繁交易活动衍生了"商文化"。商丘因是商部族的起源聚居地和商朝最早的建都地以及商人、商业和商文化的发源地，商丘被誉为"三商之源"和"华商之都"。

陶文、玉石文、金文和甲骨文几种文字在当时并行使用，但最主要使用的还是刻在甲骨上的甲骨文。甲骨文兼有象形、指事、会意、形

声、假借等多种造字方法，甲骨卜辞中，总共发现约有单字4000多个。

商代的历法已趋于完备，是我国设置闰月的开端。此外，乐舞《桑林》和《大护》已成为宫廷音乐的主要形式，而《周易·归妹上六》和《易·屯六二》则是商代广泛传唱的民歌。

太戊时期，商朝得到了70多年的稳定发展。但到了太戊晚年，一些诸侯方伯利用商朝王室的混乱，不断扩大势力。当时，东南诸夷兴起，对商王朝，时而臣服，时而反叛。

太戊死后，太戊之子仲丁继位。从仲丁开始，商王室混乱加剧。后来，由于亳都遭到严重水患、亳都奴隶主贵族势力的困扰，以及对诸侯与方国控制的需要，仲丁迁都于嚣，就是现在的河南郑州。

从此，商代结束了在商丘长达200余年的都城历史。

知识点滴

太甲在四朝元老伊尹的辅政和督促下，前两年的政绩很好，但是从第三年起，他就开始不遵守商汤的法制了。他变得暴虐乱德，一味贪图享乐。伊尹百般规劝无效，便只好由自己摄政，将太甲送去商汤墓地附近的桐宫，今河南省偃师县西南居住，让他自己反省，史称"伊尹放太甲"。

太甲在桐宫3年，悔过自责，伊尹又将他迎回亳都，还政于他。重新当政的太甲勤俭爱民、诸侯亲附，百姓安居乐业，社会得以安定，太甲被称为守成之主"太宗"。后世政治家更推之为商朝的"盛君"。

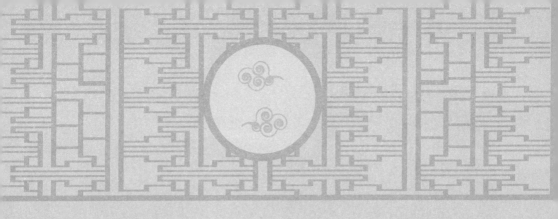

微子祠及汉代梁园和梁孝王墓

约公元前1063年，微子就封于宋，成为周时宋国的始祖、国君。宋国都城城址的平面呈长方形，东墙长2.9千米，南墙长约3.5千米，西墙长3千米，北墙长约3.2千米，总面积10平方千米。由此可见，当时的

宋国都城规模已经不小了。

微子死后葬于宋国故地，并建有微子祠，其祠庙在宋国都城外的皇林中，微子墓前有石碑与石器，碑前有拜殿3楹，内设牌位和祭器。

在秦代时，商丘分属砀郡与陈郡。公元前202年，汉高祖刘邦建立西汉政权后，商丘睢阳人灌婴担任了丞相。由于他推行与民生息政策，提倡减免赋税，鼓励农业生产，促成了西汉政治经济的繁荣。同年，汉高祖刘邦改砀郡为梁国，属豫州，治所在睢阳，就是后来的河南商丘。

公元前161年，梁孝王刘武奉命就封于睢阳。他"筑东苑，方三百余里广睢阳城七十里，大治宫室……"，生活奢侈豪华犹如帝王般：

> 以窦太后少子故，有宠，王四十余城，居天下膏腴之地，赏赐不可胜道，府库金钱且百巨万，珠玉宝器多于京师。

此外，梁孝王还在睢阳东南平台一带大兴土木，建造了规模宏大、富丽堂皇的梁园以作游赏延宾之所。后来，他又在梁园内建造了许多亭台楼阁以及百灵山、落猿岩、栖龙岫、雁池、鹤洲和凫渚等景观，种植了松柏、梧桐和青竹等奇木佳树。

　　建成后的梁园周围150千米，宫观相连，奇果佳树，错杂其间，珍禽异兽，出没其中，使这里成了景色秀丽的人间天堂，是我国历史上著名的园林之一。

　　梁孝王刘武喜好招揽文人谋士，他常在园中设宴，文学家司马相如、辞赋家枚乘等经常应召而至，成为竹荫蔽日的梁园宾客。后谋士公孙诡和散文家邹阳等也都于梁园做了梁客。他们一起吟诗弹唱，在梁园形成了极具影响的梁园文学。

　　梁孝王死后，葬于睢阳山东，就是后来商丘永城的芒砀山上。整个陵墓群完全是由数以万计的民工用锤子斩山作椁，穿石为藏，结构复杂，气势恢宏，宛如一座地下宫殿，其工程之浩繁，技艺之精湛，令人叹为观止。

　　芒砀山西汉梁王陵墓群是目前我国所发现的年代最早、规模最大的汉墓群，是国家级重点文物保护单位，是我国乃至世界罕见的大型石室陵墓群。梁孝王墓结构复杂，气势恢宏，宛如地下宫殿群。特别值得一提的是，这一西汉梁王陵墓群是在炸药还没有问世的西汉，完全由无数民工用锤子一下一下地敲凿出来。其工程之浩繁、技艺之高超令人叹为观止。

　　梁孝王墓中，梁孝王穿了一件用金丝和玉片编织而成的金缕玉衣。其墓室中的珍宝更是无数。据史书记载，掘墓者得到的珍宝就装有72船，民间小规模的偷盗就更是不计其数。

　　墓内所出土的汉代壁画、金缕玉衣、鎏金车马器、骑兵俑及大量精美的玉器等更堪称稀世之宝。

　　西汉梁王陵墓群现已发现大小汉墓18座，其中更以汉高祖刘邦的孙子梁孝王刘武及王后墓的规模最为宏大、最为著名。

梁孝王王后墓纵深210米，是迄今国内发现的最大的石室陵墓，墓内各种生活设施，如客厅、卧室、壁橱、粮仓、冰窖、马厩、兵器库、厕所等一应俱全。最让人称奇的是其中有实物为证的、在我国最早使用的、雕刻精美的石制坐便器。

在梁孝王墓和王后墓之间有一条地下通道，叫"黄泉道"，是梁孝王和王后死后灵魂幽会的通道，后人所谓"命归黄泉"或"黄泉路"之说即源于此。

"四神云气图"壁画被发现于梁王陵墓群中的柿园墓，壁画以青龙、白虎、朱雀、玄武四神为主题，四周衬托缭绕的云气和绶带，画艺精绝，气势磅礴，被称为"敦煌前的敦煌"，其中所出土的容貌秀美、栩栩如生的断臂仕女俑更被称为"中国的维纳斯"。

在众多的壁画遗存中，墓室壁画很少，西汉早期的则更为稀少。

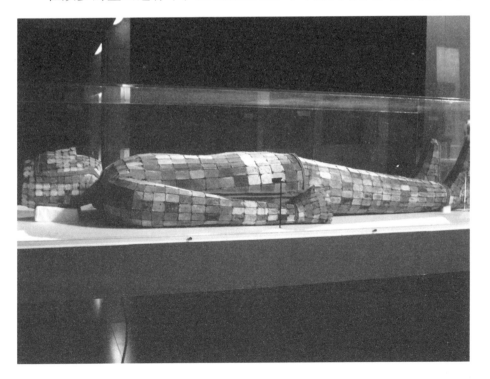

因而，该壁画就成为我国时代最早、墓葬级别最高的墓葬壁画珍品。

然而，历经岁月，壁画的破坏逐渐显现，日趋严重。表面绘彩层起翘脱落，颜料退色，局部有网格纹显现；地仗层有龟裂分层现象，画面有通透性开裂；壁画固定件有松脱现象。壁画表面显现后背木龙骨变形前顶的痕迹，壁画整体弯曲变形严重，交接处产生裂缝。画面在局部产生翘曲开裂。

梁孝王墓在史书上多有记载。《史记·梁孝王世家》索隐《述征记》《水经注·获水》以及清光绪年间的《永城县志·古迹》中都有所记载。据《太平寰宇记》记载：

梁孝王墓在县（北）五十里，高四丈，周回一里，砀山南岭山。

梁孝王墓坐西面东，开凿于距山顶20米处。

从墓道口至西回廊西壁全长96米，南北最宽处即回廊北耳室北壁至回廊南耳室南壁，为32米，最高处为3米，总面积约612平方米，总容积约1367立方米。全墓由墓道、甬道、主室、回廊及十多间侧室、耳室、角室和排水系统组成。

墓道呈东西向，由斜坡墓道和平底墓道两部分组成。斜坡墓道全长32.2米，上口宽2.59米，底宽2.78米，平底墓道的西端深入山体部分是封闭式墓道，两侧石墙之上用底端为燕尾槽的石板扣合成两面坡式，两坡的顶端用上宽下窄的梯形石板扣压。

这种扣合方法减轻了顶部压力，极其坚固，至今保存完好。

墓道近墓门处南北各开凿一个耳室，南耳室东西最长处5.1米。北耳室东西长5.3米，南北最宽处4.46米，这两个应是车马室、过墓门，

东高西低的雨道，是从墓道通向主室的通道，由门道、斜坡甬道和平底甬道3部分组成。

在斜坡甬道的西端南北两侧各开凿一个耳室。北耳室南北最长处12.88米，东西最宽处9.9米，高2米至2.18米，总容积约233立方米。南耳室东西4.56米，南北宽处4.6米，内高2.1米，是藏兵器的地方。

甬道西端连接主室，主室是整座墓葬的核心，平面东西呈长方形，东西长9.65米，南北宽4.7米，高3米，室四壁垂直，表面光平。

主室底部为东西长5.45米，南北宽3.65米，深0.4米的凹坑，坑底平坦，四壁垂直，四角规整，凹坑的东壁是一条通向回廊的下水道。主室的南北两侧各开有3个耳室。

北侧的3个耳室整齐规整，皆为正方形，每边长2.3米，作为储藏室和庖厨室。南侧的东耳室为棺床室，东、南、西三面为石壁。北面是和主室相通的空间，室底高出主室底部0.4米，南部底端有一通向水井室的不规则洞孔。

南侧中耳室和棺床室有门相通，连成套间，内呈近正方形，四壁垂直，底平坦，室底中央为一向下开凿的石坑，作为浴室。最西边的耳室和主室相通，呈南北长方形。

主室外围建有回廊，围绕主室和主室外侧室一周，平面略呈正方形，东回廊中部与主室相通。回廊四角皆有耳室，平面呈方形，每边长4.7米，是放置陪葬品的地方。回廊东、西、南三面还有排水沟，将各室的积水排入南回廊的水井，利用水井内的自然岩缝，将水排出山体。

梁孝王墓工程浩大，气势恢宏，结构规整，布局合理，建筑艺术高超，这在火药尚未发明的西汉时期，用人工开凿如此浩大的工程，其难度可想而知，这充分体现了古代劳动人民的聪明才智。

一般的王陵都是劈山后用巨石修砌，但梁孝王墓却不同。梁孝王墓"斩山作椁，穿石为藏"，工程之浩大、结构之独特、布局之对称，在历史上都是罕见的。

而今在历史的长河中经过2000多年的沉淀洗礼后，梁王墓已难见夕日的辉煌，徒留空荡荡的墓室与伤痕累累的芒砀山展现在世人的眼前。唐代大诗人李白曾有诗说：

梁王宫阙今安在？枚马先归不相待。

舞影歌声散绿池，空余汴水东流海。

在宋国始祖微子后代里，最有名的人物之一就是孔子，他的祖上是宋国王族。孔子是我国古代伟大的思想家和教育家，儒家学派创始人。他编撰了我国第一部编年体史书《春秋》，他的言论和事迹还被编著为《论语》及《史记·孔子世家》。

墨家学派创始人墨子也是宋微子后裔。此外，宋国时期的商丘名人还有：道家学派的创始人老子、战国时政治家惠施和儒家的代表人物孟子以及道家学派的代表人物庄子等。

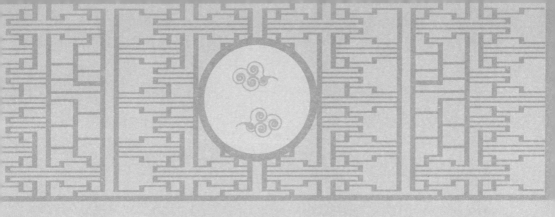

唐代在虞城始建木兰祠

到南北朝时期，商丘先后为北魏、东魏、北齐的梁郡，属南兖州，辖襄邑和淮阳两县。相传，替父从军的巾帼英雄花木兰也是商丘人。后世为纪念她替父从军，在商丘虞城兴建了木兰祠。

木兰祠位于虞城县城南的营廓镇大周庄村，距虞城县城35千米。该祠始建于唐代，金、元、清各代曾有重修。

木兰祠曾占地万余平方米，有大门、大殿、献殿、后楼和配房等。大殿内有英姿飒爽的花木兰戎装立像和记载花木兰代父从军、征战疆场、凯旋的雕塑和组画。

大门过道两侧，各有一泥塑高大战马。木兰祠围墙内外，植有柏树和槐树。环境优美，庄严肃穆。

木兰祠祠内有祠碑两通：一通为1334年所立的《孝烈将军祠像辨正记》碑，碑文载有对木兰身份、受封孝烈将军事迹的确认及《木兰辞》全文。另一通则是1806年所立的《孝烈将军辨误正名记》碑。

《孝烈将军祠像辨正记》碑，立于该祠大门内东侧。碑为青石，通高3.6米，宽1米，碑首前后皆为深浮雕的二龙云里戏珠，布局对称，造型大方。

篆字题名《孝烈将军祠像辨正记》，碑四边刻有图案，上边用夸张浪漫的手法，刻有二龙戏珠，龙头大而逼真，龙身简而细小，穿入流云，生动美妙。

两边阴刻牡丹花纹，线条活泼流畅，古朴而不俗。碑文正书31

行，满68字，其刻书精美，苍劲有力。龟座高0.7米，龟形伸头直尾，四肢半曲，似起似卧，栩栩如生。碑文下款：元朝元统二年，祖居归德汤德立石，侯有造撰文，曹州李克均、李英刻石。

后世又重修碑楼，顶为轿形，尖顶四脊，合瓦挑角，17层封檐，前后园门，古朴典雅，碑楼四周砌有围墙。

《孝烈将军辨误正名记》碑，立于该祠大门外西侧。通高2.14米，宽0.78米，方座，碑额刻有深浮雕盘龙，篆字题名，碑文正书，归德府商丘县庠生孟毓谦撰文，归德府商丘县邑大学生孟毓鹤书丹，芒山石工张握玉刻石。

花木兰祠始建于唐代，后金太和年间，敦武校尉归德府谷熟县营城镇酒都监乌答撒忽刺重修大殿、献殿各3间，并塑木兰像。1334年，睢阳府尹梁思温倡议，募捐2500贯钱重修扩建。

1806年，该祠僧人坚科、坚让等，再次募资修祠、立碑。历经扩建木兰祠占地10多平方千米各类建筑120多间，另有祠地约2.66平方千米，住持僧人10多人。

祠围墙内外，植有柏树、槐树。大门过道两侧，各有一泥塑高大战马。大殿内塑有木兰闺装像，献殿内塑有木兰戎装像，后楼塑有木

兰全家像。祠殿内外，有历代官府、名人撰文、题诗、书画及60多通香火碑。

每年农历四月初八是木兰的生日，周边官府带领乡民前来致祭，后发展成连续五日的香火古会。

可惜，这座恢宏壮观的祠宇毁于战火，僧人散尽，祠宇坍塌，千年古祠几尽毁于一旦。后世仅存有元代和清代两通祠碑，碑文详细记载了木兰身世、英迹和历代修祠情况。

1992年，商丘虞城县人民政府为保护这一千年历史遗存，斥资重修木兰祠，在历史遗存的基础，基本恢复了木兰祠原有的历史风貌。

知识点滴

历史上，有关巾帼英雄花木兰的住处及姓氏，说法不一。其中有说花木兰姓魏，家居亳州的，因为亳州至今遗址尚存。

《亳州志·烈女志》记载，木兰，魏姓，西汉谯城东魏村人。东魏村即现在亳州魏园村为淮北一普通村落，高约5米的木兰出征塑像，为故里平添无限光彩。村民指其村后即木兰故居，墓冢犹存。墓周苍松环护，翠竹成林，春来芍花飘香，蔚为壮观。

又据《光绪亳州志》记载：木兰祠在关外，相传祠左右即木兰之家。今祠已毁，遗址尚在。

宋代增修崇法寺塔和微子祠

安史之乱以后，唐朝日趋衰落，自此陷入长期藩镇割据、叛乱，呈现多事之秋。在朝廷危难之际，宋州始终能站在唐朝廷一边，宋州人以其忠勇精神，凭战略要地，富庶的经济，帮助朝廷平定数次叛乱，保护沟通江淮的漕运通道，确保了朝廷财赋来源，巩固和稳定了唐朝的统治。

758年，唐肃宗改睢阳郡为宋州。772年，淮西节度使李希烈叛乱，以重兵围攻睢阳，河南节度使田神功与叛军大战两天两夜，积劳成疾。773年，田神功病死，其弟田神玉自封为汴宋节度留后。

在当时，大书法家颜真卿听闻田

神功病危的消息后，尤为感动，亲自撰写了一篇900多字的短文，题为《有唐宋州官史八关斋会报德记》，刻于石壁。

后来，百姓有感于田神功对百姓的护佑之心，也出于对大书法家颜真卿书法艺术的推崇，在商丘城南门外的古宋河畔建了座"八关斋"。

八关斋位于商丘城南500米处。院内有一座造型优美的八角亭，在亭内有一座八棱石幢。石幢高3.2米，每面宽0.5米，上面有颜真卿晚年撰写的《有唐宋州官史八关斋会报德记》。

碑文记载，田神功在安史之乱中解了宋州之围。772年，田神功得了病，几个月后病才痊愈。宋州刺史徐向等为了逢迎田神功，在城南

开元寺设八关斋会，邀请一千僧人赴斋。石碑最初称为颜鲁公碑，因碑文所记载的是八关斋的佛事，后人便逐渐将此碑叫成八关斋了。

八关斋历千余载，几度兴废，又几经重修，才得以存留后世。

北宋定都开封后，宋州成了宋都开封的东南门户，近可屏蔽淮徐，远可南通吴越，地理位置十分重要。这里成了北宋经济收入的重要支柱。

宋州当时的整个码头，北岸占地约24万平方米，南岸占地约24万平方米。宋州境内的通济渠仍然水丰河宽，每年经宋州从江南运往京城开封的物品种类繁多，数量惊人。

崇法寺建于宋代，1093年，崇法寺塔在商丘永城的崇法寺内开始兴建。直到1098年才宣告建成，历时6年的时间。因塔建于寺内，故名崇法寺塔。

永城人吕永辉曾作诗赞道：

东林古寺迹仍留，
七级浮屠踞上游。
保障江淮称巨镇，
屏藩梁宋护中州。

后来，寺院被废弃，仅存9层砖塔。砖塔高34.6米，楼阁式八角形，塔底座边长3米，塔底层直径7.7米。塔体为椎柱形，每层檐下均有仰莲相托。仰望塔身，如九朵莲花开放。塔每层均设有东南西北4门。八角皆有石龙头，龙头上系有铁铃，每当风起，铿锵齐鸣，悦耳动听。

在塔的底层建有地宫。地宫内有棺床和石匣。塔底北门有青石走道，一直通到塔顶。内壁镶有651块深绿色琉璃佛像砖，构图为一佛两菩萨。它是我国古代转塔建筑艺术的代表之作。

崇法寺塔整体由地宫、塔基、塔身和塔刹四部分组成。崇法寺地宫呈方形，顶作藻井，地宫中央砖砌莲花依柱棺床，上置长方形石函。惜地宫被盗一空，在后人清理过程中才见地宫真面目。

据石碑铭文记载，石函内供奉有佛舍利，并以金、银、玛瑙、水晶、玉石等七宝供养，同时还有唐宋两朝的铜钱和稻谷。从而可知，此塔是专为佛陀生身舍利而建的。

在塔基座内装木骨，上承宝塔，下护地宫，坚实而稳固，与塔身、塔刹组成了和谐庄严、高雅的统一体，堪称楼阁式古塔的精品。八角九层塔身为砖砌楼阁式，青砖迭砌仿木结构，层层出檐，逐层内收，每层外壁转角有砖制仿木圆柱，外檐建仿木镂空围栏，增强了美感，表现了多变的轮廓。

塔檐是由莲花瓣石叠砌而成，平座用斗拱承托，显得层层叠叠，极富装饰性。挑檐角配以石雕龙头，口衔风铎，微风吹动，叮咚作响，使人心旷神怡，宠辱皆忘。塔的第一层高5米，直径7.7米，东西南北各辟一圭形门，东南西3门内建佛龛，北门为登塔门，由此门进入塔心，环绕而上可至塔顶端。内部采用穿心、回廊、方形壁内折和实心砌体等不同结构，十分坚固。

塔的每层均开明窗，方向和造型与圭门相同，门窗外部上方及两端镶有651块黄绿釉佛像砖。5块刻有塔铭和施主姓名的釉

砖，把塔身装点得绚丽多彩。这些明窗有利于采光、眺望，并能缓和强风推力，可见设计者的别具匠心。

塔的最顶端为塔刹，塔尖高指云际。紧连刹身的是伞盖，接下来上小下大的7个相轮由中心刹杆穿套支撑，塔刹下部是金属刹基，由刹杆穿过刹基与古塔相接连成一体。

崇法寺塔历经900多年的风雨剥蚀，明清虽经几次修复，仍有破损。清代末年，该塔曾遭雷击留有裂缝，1938年又遭日军炮击，残存8层，高28.9米。

后来，寺塔经过大修才恢复原貌，向世人重新展现了我国古代高层建筑艺术的高超。

崇法寺塔在我国的建塔历史中具有重要的地位，是在我国建塔历史上具有特殊意义的一座塔。因为它的造型艺术是我国造南北两种造塔艺术融合的一种形式。

商丘位于古代南北文化交流的缓冲地带，南北方文化的融合在这里表现得十分明显。崇法寺塔正是这种文化融合的产物。我国南方的造塔艺术多是砖砌，用砖为主的结构，但是角梁、踏步等都用木头制作。北方塔就用砖石代替，石塔比较多，好些地方都使用石头代替，用石头制作。

还有一点，就是该塔的内部结构形式有各种变化，如果按照南方塔的造型，它的角梁和踏步本来应该用木头的，但是崇法寺塔是用石质，角梁用龙头，挑出一个角梁，下面一个风铃。

宋代崇法寺塔具有很高的历史价值。众多历史名人足踏永城，曾留下不朽的诗篇。明代著名诗人李先芳由商丘入永城途中写道：

　　　　三月轻风麦浪生，黄河岸上晚波平。
　　　　村原处处垂杨柳，一路青青到永城。

宋代，在应天府市镇商业的基础上，城市贸易更加活跃，甚至有丝绸的大宗经营。

异地人来应天府定居的也有增无减，应天府成了当时仅次于国都东京的经济重心。加之宋朝提倡以文治国，应天府也逐渐发展成为了宋代的文化教育中心。

在当时，应天府最为著名的书院名叫"应天书院"，位于后来的商丘睢阳。应天书院为宋州虞城人杨悫所办私学。扬悫死后，他的学生戚同文继续在宋州从事教育。北宋政权建立后，实行开科取士，因这里人才辈出，百余名学子科举中第者竟多达五六十人，从学者纷至沓来。

知识点滴

明清时期商丘风水八卦古城

宋代以后，商丘的地位下降。金、元时期应天府更名为归德府，属于河南布政使司，由于黄河水患与历年战争，归德府的城市规模较宋代缩小了许多。1368年，明太祖朱元璋降归德府为归德州，属开封府管辖。

1502年，归德州城毁于黄河水患。次年，知州杨泰在旧城北面，以元代城墙为南城墙重筑新城。历时8年，新城于1511年基本竣工。

1511年，归德州迁城。应天书院从旧城迁往新归德府城内，建有

大成殿、明伦堂、月牙池等建筑。后来，应天书院又在商丘城西北隅以社学改建，沿用旧名。但短暂的辉煌后很快又被废止。

大成殿与明伦堂位于商丘，原为归德府文庙建筑的组成部分，这两座建筑均为歇山式建筑。归德府文庙又称孔庙、夫子庙，为河南规模最大的文庙，也是我国唯一学堂建在大殿右侧的文庙，始建于明朝嘉靖年间，距今也有近500年的历史了。

大成殿为祭孔之地，殿内立有孔子和其弟子的牌位，大殿面阔7间，进深3间，为单檐歇山式木构建筑。大殿前后墙壁原为辟格扇门和坎窗。

明伦堂为明清归德州府儒学所在地学堂，也是应试地，在大成殿西30米处，是历代封建社会对圣人对先师孔子的朝拜祭祀之处，是尊孔儒师们"宣教化、育贤才、善民俗"的讲学之所。

1513年，归德州城又增建了四门外楼。1537年夏，黄河水在商丘决口，河水泛滥，灌归德州城。此后，由于河水漫流，归德州一带灾害连年，直至清代时黄河水向北迁徙，商丘一带才少有黄河水灾。

归德州城后经过多次修补完善，直至1540年在城墙外约500米的圆周上筑起新的城郭才形成城墙、城湖、城郭三位一体的独特格局。归德州城城门为拱券式，建有东西南北四门，互不相对，各自错开方向，所以归德州城有"四门八开"之说。

此外，在归德州城的南门两侧建有两个水门，将水排进护城河。宽阔的护城河环绕全城。城南河面较宽，水下叠压着春秋宋国都城、秦汉和隋唐时期的睢阳城、宋朝的应天府南京城、元朝的归德府城等6座都城、古城。

归德州城内地势呈龟背形状，砖城内面积1130平方米，93条街道的总体格局形如棋盘与方孔圆钱，内方外圆，在古代的八卦学寓天圆地方、天地相生、招财进宝之意。

1545年，归德州升为归德府。

1612年，归德府的知府郑三俊重建微子祠，使其形成规模。

微子祠始建于唐代天宝年间，后经历代毁坏，历代重修。整座祠院占地面积6650平方米，南北长70米，东西宽95米，由微子祠、先贤堂和微子墓3个院落组成。微子祠位于中间，占地2450平方米，南北长70米，东西宽35米。在微子祠的东西两侧分别为先贤堂和微子墓，占地面积都是2100平方米，南北长70米，东西宽30米。整座院落设计科学，布局合理，环境优美。

微子祠后来被辟为景区，景区由微子祠、先贤堂和微子墓3部分组成。微子祠居中，存有过厅、照壁、东西厢房，两厢房之间有一铜质巨型香炉。香炉往北15米处放一三檐铸铁熏炉，熏炉向北为祭祀台，台正中放一大型铜质香坛。祭台北端座落微子祠。

微子祠东侧是先贤堂，有大殿，殿内供奉着宋氏先祖的牌位。两侧有碑廊。西侧是微子墓，有碑亭、神道、石像生和墓冢等，建筑布局精巧别致。

明代嘉靖年间以后至清代初年，归德府城内出过大学士，也就是宰相、尚书以及十几位侍郎、巡抚、吏卒、总兵以及著名文人，因此，归德府城内不仅四合院鳞次栉比，官府、官宅以及名人建筑也很多。

归德府城著名的壮悔堂就是侯方域所建，是他曾经的著书之处。

壮悔堂庄重典雅，古色古香，五脊之上形态别致、姿势各异的奇兽独具风采。楼里门窗和格扇的镂花剔线精致。26根圆柱上龙凤浮雕栩栩如生，根根圆柱同62根横梁巧妙扣合的木质结构浑然天成，使楼的内部骨架形成了一个完善的整体，即使拆去四壁，楼堂仍安然无

恙，建筑技巧令人叫绝。

清代末期，归德府出现了陈、蔡、穆、柴、尚、孟、胡"七大家"。穆炳坛家族兄弟8人有田千顷，为清代归德府城内的一家富商，是当时的"七大家"之一。穆氏四合院便是穆炳坛家族的故居，也是商丘比较完整、最具有代表性的四合院建筑群之一。

穆炳坛所盖的四合院结构大方造型别致，穆氏四合院分前后两院，按照传统的建筑形式，坐北朝南，以中轴线为中心，左右对称，前低后高的形制而建，反映了长幼有序、男女有别的封建礼制。

前院侧房置车马、轿子等物。正中是通往中宅的建筑。中宅院正堂屋5间，进深3间，东西厢房各3间。正堂屋是供主人使用的客房和书橱。厢房通常是杂用间和男仆的住处。

　　后院为后楼，是全院的核心建筑，也是全宅的生活区。它上下两层，双层屋顶，五脊六兽。室内用博古架隔扇划分空间，上部装纸顶棚，门窗皆用巨木雕刻，玲珑剔透，花草人物图案形象生动，不拘一格，千变万化。

知识点滴

　　据史料记载，归德府于1558年全面修缮建成时，四城墙均高6米，顶宽6米，周长约4.3千米。四城门：南为拱阳门，门洞全长21米，台高8米，北为拱辰门，东为宾阳门，西为垤泽门。各门上建有城门楼。四门外各建有扭头门一座。

　　城墙四面共有9座敌台，西门向南的第一个马面呈半圆形建筑，其余皆呈凸出墙外马头形。城墙上城垛口3600个。城墙角各有一处角台，形制相同，大小不等。

　　城墙外3.5米为护城河，宽处500米，窄处25米，水深1至5米，绕城一周。护城河外550米处的护城土堤，基宽20米，顶宽7米，高5米，周长9千米。

古都

古都洛阳位于河南西部，因地处古洛水北岸而得名，有着数千年文明史、建城史和建都史。从夏朝开始，先后有夏商、西周、东周、东汉、曹魏、西晋、北魏、隋、唐、后梁、后唐和后晋13个王朝在此建都。

洛阳历史曾用名或别名：斟鄩、西亳、洛邑、洛师、成周、王城、雒阳、中京、伊洛、河洛、河南、洛州和三川等。

洛阳是我国历史上唯一被命名为"神都"的城市，也是我国建都最早、朝代最多和历史最长的都城。

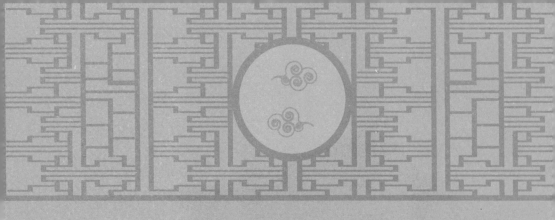

先秦时成为群雄必争之地

古都洛阳北靠邙山，南向伊阙，东靠虎牢关，西靠函谷关，洛水穿流而过，四周群山环绕、雄关林立，因而有"八关都邑""山河拱戴，形势甲于天下"之称和"八方辐辏""九州腹地"与"十省通衢"之说。

洛阳在我国历史上是历朝历代诸侯群雄逐鹿中原的必争之地，远古有关羲皇、女娲、黄帝、尧、舜和禹等的神话，也多传于此。据传，洛阳城是我国最早的历史文献《河图洛书》的出现地和人文始祖羲皇的祭祀地。

《河图》与《洛书》两幅远古流传下来的神秘图案，历来被认为

是河洛文化的开端，是中华文化阴阳五行术的源头。如太极、八卦、周易、六甲、九星和风水等古老文化，都可追溯到《河图》与《洛书》。

在羲皇之后，五帝中的帝喾及他儿子挚都曾建都于亳邑，就是后来的洛阳偃师城关。到了夏朝，洛阳一带更是夏民族建邦立国的腹地。夏朝第一位国王禹，最早建都在阳城，后来迁都到阳翟。阳城在登封，阳翟在禹州，都离洛阳不远。

洛阳偃师二里头一带，曾是夏代帝王太康、仲康和夏桀都城斟鄩的所在地，其都城规模宏大，总面积3.75平方千米，内有大型宫殿。

公元前16世纪，夏亡商立。商汤攻下夏都斟鄩之后，在夏都附近另建了一座新都，史称"西亳"。西亳在洛阳偃师一带，北依邙山，南临洛河，是控制东西的交通要道，其布局主要强调了以王权为中心的统治理念。

西亳宫城西部宫殿建筑基址平面为长方形，东西长51米、南北宽32米，用夯土筑成，是以正殿为主体，东、西和南三面有廊庑的封闭

式宫殿建筑。在整个建筑的外围，还有一道厚约2米的围墙，将宫殿建筑封闭起来，自成一体。

据战国时魏国史官所著史书《竹书纪年》记载，商朝自盘庚实行双都制后，曾两次在西亳建都。既有南都西亳城，就是后来的洛阳；又有北都殷城，就是后来的安阳，洛阳与安阳成了姊妹都城。

在商朝末年，我国西部的一个历史悠久的周族部落崛起了，势力相当强大。周族原是与夏族和商族同称为我国原始社会末期的三大部族，夏、商两朝时期，周是其属国。

后来，周武王姬发决心灭掉商朝，于是他在公元前1066年率众东进，经洛阳北部孟津渡河，一举推翻了商朝的统治，商亡周兴，定都镐京，就是后来的陕西西安，史称"西周"。

西周初建后，周武王决定在今洛阳白马寺东南处另建一座城邑，也就是洛邑。可他还未来得及营建，第二年就于镐京病故了。他的儿子周成王即位，因其年幼，他的叔父周公辅佐代政。

后来，周公按照周武王的遗愿营建了规模浩大的洛邑。这一次，西周王朝在洛阳营建了两座城堡，另一座是王城，一座是成周。两座城以海河为分界线，东西相距10多千米，东边的成周城又名下都，在今白马寺东的霍泉以南；西边的叫王城，在涧河两岸。

西周因实行一国两都制，正式国都为镐京，在今陕西西安，称为宗周。而洛邑在河南洛阳，作为周朝的陪都，称为成周。在当时，洛邑和镐京两个都城都设有最高官署的卿事寮。周公在洛邑辅政，周武王的弟弟召公在镐京辅政。

据史料记载，洛邑城东西"六里十一步"，南北"九里一百步"，城内有大庙、新造、滤宫、室榭和各大室等，相当壮观。王城作为周公召见诸侯和处理政务之地，他常居王城。成周城是大臣们居住和处理政务的地方，也是商末贵族被管制的地方，周公曾率八师兵

力戍卫在此。

周成王执政的第五年，他迁都于成周，并将象征王权的重器九鼎也迁到了成周。自此，周康王、周昭王、周穆王、周共王和周懿王诸王均曾在这里主政，洛邑从此成了西周王朝的东方重镇。

在西周时期，由于周公施以仁政，洛邑迅速发展为"富冠海内，皆为天下名都"。洛邑当时出现了采用竖式鼓风炉进行熔炼和铸造工艺流程复杂的青铜冶铸作坊。商业经济出现了前所未有的繁荣，成为四方贡纳的集中点和商品贸易的聚散地。周公死后，他的儿子君陈承袭周公的职位，继续镇守在洛邑。后来，在周幽王时期，关中发生大地震，灾难严重，加之内政腐败，社会黑暗，宫廷分裂，周幽王于公元前771年被杀。

公元前770年，少数民族犬戎攻破镐京，经大肆掠夺后，西都镐京

被抢劫一空，无以成都。镐京当时处于西北犬戎人的威胁之下，而周朝兵力又不强。为了避开犬戎的侵袭，周平王废弃了镐京，全部迁都于洛邑，史称"东周"，直至公元前257年为秦所灭。

东周都城洛邑扩建后，北墙全长约2.9千米，墙外有护城壕沟；东墙长约1千米；西城墙迂回长约3.7千米；南城墙城周约15千米。城内宫殿建筑，排列有序，廓城四周各有3个城门，每门有3条路。王宫建筑在中央大道上，城内布局完全按照奴隶制的礼制设计，城外南郊还设

有明堂。

在东周时期，洛邑又新出现了一些如制骨、制陶和石料场等手工作坊，农业也有了较大的进步，仅洛邑就有74座贮粮仓窖。

公元前518年，儒家学派创始人孔子曾到周都洛邑向老子求学，他们谈天说地、纵横古今，被后世传为佳话。

在战国时期，洛河名叫洛水，因洛邑位居洛水之北，"水北为阳"，所以洛邑也就改名叫洛阳，并一直沿用。

知识点滴

传说，远古时，在洛阳东北孟津县境内的黄河中浮出龙马，龙马将它背负的"河图"献给了羲皇。羲皇正在茫然之际，忽见龙马，便顿觉茅塞顿开，这龙马的形态与自己心中的意念不谋而合。于是他依据龙马身上的图案，而演成八卦，后来八卦又成为《周易》的来源。

据我国古代哲学书籍《易·系辞上》记载："河出图，洛出书，圣人则之。"河图上，排列成数阵的黑点和白点，蕴藏着无穷的奥秘。洛书上，纵横斜3条线上的3个数字，其和皆等于15，十分奇妙。

东汉时期成为政治经济中心

秦代时，秦始皇在洛阳设置三川郡，成为全国40郡之首，郡治设在成周故城，统辖洛阳及三门峡等地。当时，洛阳在军事上是"秦陇之襟喉"和"四方必争之地"，先后为文信侯吕不韦和河南王申阳的封邑。

西汉时期，三川郡改为河南郡。"河南"正式成为行政区划中的一个地理名词。汉高祖刘邦曾以洛阳为都数月，意图建都洛阳。

后因谋士张良等认为洛阳"虽有此固，四面受敌，非用武之国"，而"关中左肴右函，陇蜀沃野千里，阻三面而固守，独一面以制诸侯"，西汉正式建都于咸阳。

新莽末年，海内分崩，刘秀在家乡乘势起兵，他就是后来的汉世祖光武皇帝。公元22年，汉延宗更始帝刘玄建立更始政权后，建都于洛阳，次年迁都长安。

公元25年时，刘秀与更始政权公开决裂。后来，刘秀迫降了数十万铜马农民军，实力大增，当时关中的人都称河北的刘秀为"铜马帝"。刘秀在众将拥戴下，登基称帝于河北鄗城，即河北邢台。

为了表达刘氏重兴汉室之意，光武帝刘秀改元"建武"，仍以"汉"为其国号，史称"东汉""后汉"。光武帝定都洛阳。自此，在196年的统治中，其中有14个皇帝以洛阳为都，共有165年之久。

东汉时期的洛阳为天下名都，洛阳城最初是刘秀在周代成周城、秦三川郡治基础上营建起来的。此后，洛阳一直是全国政治上举足轻重、经济和文化繁荣发达的都市，曾一度为世界第一流的大城市。

洛阳城垣绵亘断续，高出地面一两米，部分高出5至7米，城址呈不规则长方形，周长约14千米。建有城门10余座，城内外宫殿建筑布局完全按照奴隶制礼制设计，宫城建筑分为南北两宫。

南宫为议政的皇城，宫殿楼阁鳞次栉比，朱雀门宏伟壮观，峻极连天；北宫为皇宫寝居的宫城，崇楼高阁，风景秀美，规模最大的德阳殿，"周旋容万人，阶高二丈，画屋朱梁，玉阶金柱，四十五里外观之与天地"。

洛阳城有纵横24条街，街的两侧种植栗、漆、梓、桐四种行道树。官署民宅星罗棋布。东汉恢复对西域的统治后，为了保卫"丝绸之路"的顺畅，促进我国和中西亚各国的经济文化交流。朝廷在洛阳城内建有招待四方夷族和外国使臣的胡桃宫。

在洛阳城西有我国最早的佛寺白马寺，我国僧院从白马寺开始便泛称为寺，因此白马寺被尊为"祖庭"和"释源"。在洛阳城外南郊有我国古代的最高学府太学、国家天文台灵台以及太庙明堂和辟雍。

光武时期是儒学最盛的时代。光武帝建国后，他继承了西汉时期独尊儒术的传统，在洛阳偃师修建了面积达5万平方米的太学，设置博士，各以家法传授诸经。他还常到太学巡视和学生交谈。在他的提倡下，许多郡县都兴办学校，民间也出现很多私学。

光武帝巡幸鲁地时，曾遣大司空祭祀孔子，后来他又封孔子后裔

孔志为褒成侯，用以表示他尊孔崇儒。

同时，鉴于西汉末年的一些官僚、名士醉心利禄，依附于王莽代汉，光武帝对于王莽时期这些隐居不仕的官僚、名士加以表彰、礼聘，并表扬他们忠于汉室、不仕二姓的"高风亮节"。

东汉时期科学文化繁荣昌盛，我国古代四大发明中造纸术的改造者蔡伦试制的"蔡侯纸"，天文学家、地理学家张衡创制的浑天仪、候风仪和地动仪，科学家马均发明的指南车、记里鼓车、龙骨水车，等等，都是在洛阳研制成功。

文学家许慎著有《说文解字》，哲学家王充作有《论衡》，史学家班固、班昭兄妹著有我国第一部体例完备、内容丰富的断代史《汉书》等，也都成书于洛阳。

当时，今文经学与古文经学争论激烈，公元79年时汉章帝刘炟曾特意在白虎观大会群儒，议五经异同，并命班固编成《白虎通义》书，作为定论。太学门前所立"熹平石经"就是当时的官定样本。

此外，我国唯一的"林、庙"合祀的古代经典建筑就位于洛阳城南，此庙为祭祀以忠义和勇猛见称的东汉末年名将关羽而建，俗称"关林庙"。

关林庙占地12万平方米，舞楼、大门、仪门、拜殿、大殿、二殿、三殿、奉敕碑亭和关冢，构成了关林庙巍峨宏大的建筑格局。其主体建筑上的龙首之多，为中原之最。

关林庙正门为五开间三门道，朱漆大门镶有81个金黄乳钉，享有我国帝王的尊贵品级。殿宇盖显高耸、飞翅凌空、气势峥嵘。厅中塑有关羽头戴12冕旒王冠，身着龙袍的坐像。

东汉末年，汉王室衰落。随后董卓进京，逼宫杀帝。曹操当时已是军中高级将领，因拒绝董卓拉拢，被迫逃出洛阳。之后，他号召天下英雄讨伐董卓，迅速得到关东各路英雄的响应。

董卓闻讯后，将汉献帝刘协和洛阳民众迁往长安，就是后来的陕西西安，并于190年一把大火焚烧了洛阳宫室，洛阳都城的大部分建筑被付之一炬。

在196年的时侯，被董卓劫持到西安的汉献帝在董卓死后，历尽千辛万苦，又回到了当时仍旧是一片废墟，而且破败不堪的首都洛阳。在洛阳，汉献帝和百官们的饮食起居，形同乞丐。

曹操得知这一消息后，在8月时果断地采纳了谋士毛玠"奉天子以令不臣"的建议，派兵进驻洛阳。曹操控制了刘协，并迁都许昌，"挟天子以令诸侯"。

219年，魏王曹操回到已经荒废的帝都洛阳，下令重建北部尉廨，就是他曾经在洛阳做县尉时的官署、兴修建始殿，也就是汉都洛阳的宫殿。但洛阳重建还没完成，220年正月曹操就在洛阳病逝世了。随后，曹操之子曹丕，就是后来的魏文帝继任丞相、魏王。此后，曹丕受禅登基，以"魏"代"汉"，史称"曹魏""汉魏"，定都洛阳，历时46年。

魏文帝修复洛阳城后，洛阳城的面积达到了4万平方米。考古发现，其中心建筑为一座高8米、南北41米、东西31米的方形夯土高台。

明堂遗址位于灵台遗址东，主体建筑南北64米，东西63米，厚2.5米。辟雍遗址在明堂遗址东侧，长宽各170米，由4个不同方位的"品"字形夯基构成。

魏文帝在位时，他下令人口达10万的郡国每年察举孝廉一人，重修孔庙，封孔子后人为宗圣侯，恢复太学，置五经课试之法，设立春秋谷梁博士。由于他力推儒学文化。魏国在短期内复兴了封建正统文化。

后来，魏明帝曹叡继位后，曹魏与蜀汉、东吴多次发生战事。魏明帝重用曹真、张郃、司马懿、满宠等名将，成功地抵御了这些内外战争。

235年，蜀汉丞相诸葛亮死后，魏蜀边境上的情况有所减缓。

238年，魏明帝命司马懿平定了辽东。之后，又开始在魏都洛阳城的西北角大兴土木，建了一座豪华峻丽的金墉城，由3座毗连的

小城组成，平面呈目字形，南北约1千米，东西250米，城外有河水环绕。

东汉政权建立以后，光武帝又逐步扫平了各方势力，最终统一全国。他在位期间，励精图治，偃武修文，中央集权，归于尚书，简化机构，裁减冗员，抑制豪强势力，实行度田政策，社会经济逐渐得到恢复并兴盛，史称"光武中兴"。

同时，光武帝还特别注意民生，与民休息，释放奴婢和刑徒，整顿吏治，提倡节俭，薄赋敛，省刑法，等等。各项政策措施，都不同程度地实行，使得垦田、人口都有大幅度的增加，从而为东汉前期80年间国家强盛的"明章之治"奠定了物质基础。

北魏至唐武周时期的京都

　　386年，拓跋珪改国号"魏"，建都平城，就是后来的山西大同。史称"北魏"。

　　439年，太武帝拓跋焘统一北方。493年，北魏孝文帝拓跋宏决定迁都洛阳，皇帝改姓元。

孝文帝迁到洛阳后，将洛阳扩建为外郭、内郭和宫城3部分。内郭城为汉魏晋时旧城，宫城总范围南北1398米，东西660米。城内经纬通达，宫城南面的东西大街将京城划为南北两部分，与此交叉的铜驼街，从宫城南出，为京城中心大道。

朝廷衙署和社庙分布于京城中心大道两旁。城内外300多个里坊，整齐划一，而且有严格的管理制度，其后为隋唐长安和洛阳城所效仿。城南扩建有金陵、燕然、扶桑和崦嵫四夷馆。

东魏、西魏以后，洛阳一带因战乱而沦为废墟。581年，北周静帝宇文阐禅让帝位于杨坚，杨坚就是隋文帝，建国隋朝，定都大兴城，就是后来的西安。隋朝结束了自东晋末年以来长达近300年的分裂局面。

604年，隋炀帝杨广继位后，决定迁都洛阳。隋炀帝认为"洛阳自古之都，王畿之内，天地之所合，阴阳之所合，控以三河，固以四塞，水陆通，供赋等"，是帝王建都的理想之地。同年，隋炀帝杨广巡视洛阳，并下令在洛阳故王城东、汉魏城以西9千米之处营建东京。

历时1年，一座周长达27千米的宫殿苑囿都城拔地而起。隋都洛

阳城分宫城、皇城和外郭城等。外郭城也称罗城，是官吏的私宅和百姓居住之地，设3市103坊，布局状如棋盘。

宫城又名紫微城、太初宫，位于都城的西北角，是议事殿阁和宫寝所在地，宫城四面有10个城门。皇城又叫太微城，环绕宫城东、西、南三面，为皇戚府第和衙署所在地。

为了沟通江南经济地区、关中政治地区与燕、赵、辽东等军事地区的运输与经济发展，隋炀帝于605年推动大运河的建造，从而使洛阳成为南北交通枢纽，洛阳也迅速成为了国际性商业都市。

唐朝立国之时，全国还没有统一。621年，唐高祖李渊之子秦王李世民率兵东征，威逼洛阳。

李世民在王世充献出东都后，严令大军不得杀戮，商肆由亲军严守，战士以功行赏，保证了东都洛阳百姓的生命财产。

在唐代，洛阳的行政区变化很大。但河南郡改为都畿道河南府，仍以洛阳为中心。辖区比隋朝的河南郡有所扩大，加入了后来的禹州、新密、洛宁、济源、温县和孟州。

627年，秦王李世民继唐高祖李渊之位，史称唐太宗。他在位期间，任用贤能，从善如流，闻过即改，开创了初唐盛世的局面。在他即位不久，便在洛阳举行第一次科举考试，以达到招贤纳士、选拔人才之目的。

此外，唐太宗还下诏改洛阳为洛阳宫，并修洛阳宫，以备巡幸。他曾3次去洛阳处理政务及外事，在洛阳宫居住、处理政务达2年之久。

649年，唐太宗驾崩，他的儿子李治继位。李治就是唐高宗。657年，高宗与武则天率满朝文武来到洛阳宫，改洛阳宫为东都。

上阳宫是唐高宗时期修建的毗连于宫城西的大型宫苑型离宫，又称"西苑"。当时洛阳花圃极盛，西苑就是我国历史上著名的禁苑。西苑北起邙山，南至伊阙诸山，西止新安境内，周围114千米。其内造16院，名花美草，冬日也剪彩为荷。人造海中的仙山高出水面30多米。

后来，唐高宗因病懒于朝政，武则天便逐渐掌握了大权。"临朝称制"的武则天将东都洛阳改名为"神都"，并在改唐为周后以其为首都。在武则天执政的半个世纪中，社会经济快速发展。

702年，武则天于庭州置北庭都护府，就是后来的新疆吉木萨尔北破城子，取代金山都护府，管理西突厥故地，仍隶属于安西都护府，巩固了唐朝中央政府对西域地区的管辖。

在神都宫城四面有10个城门，其中有一座名叫"应天门"的正南门，在都城门中最为尊崇。若冬至，则除旧布新；当万国朝贡使者等重大庆典时，皇帝均登临其上。武则天的登基大典就是在此门举行。而且皇帝们接见外使也常在这座门上。

应天门由门楼、朵楼、阙楼、廊庑等部分组成。朵楼为方形夯土台基，外砌土衬石及散水石。在朵楼东西里侧，紧贴城墙有登楼的上下马道，宽约5米。阙楼东西宽约32米，连接朵楼与阙楼之间的廊庑长38米，宽约11米，高约4米。夯土基础两侧分布着整齐的柱洞，洞外侧砌有青石基础，以腰铁相连。

在神都宫城中，最为壮观雄伟的为应天门北乾元门内的正殿乾元殿，武则天用作明堂后称万象神宫，是进行大朝会、上尊号、大赦、改元、献俘等礼仪活动的重要殿堂。

明堂有上、中、下3层，上施铁凤，高3米余，饰以黄金。中有巨

木10围，上下贯通，下施铁渠，为辟雍之象。

在神都城南还设有四方馆，以接待四方来客。在皇城外东北角的嘉仓城建有当时全国最大的地下粮仓，储粮量达1亿多千克。在城外还有洛口仓和回洛仓等，为京都储纳或转运粮食。

洛阳漕运非常发达，隋运河开凿后，以洛阳为中心，西到长安，东至

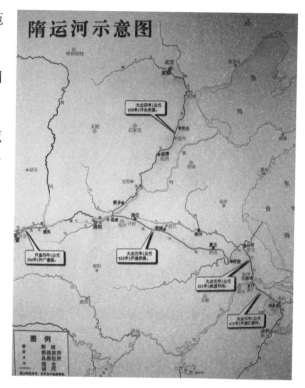

海南达余杭，北抵源郡。洛阳城内渠道如网，处处通漕。北市开一新潭，经常有万余艘舟船停泊于此，商贩贸易，异常繁荣。

在这一时期里，著名文学家、诗人李白、杜甫、白居易、贺知章、王昌龄、韩愈、张说、刘希夷、刘禹锡和李贺等均有描绘洛阳的优美隽永的诗文传世。在上清宫、天宫寺、福先寺等有画圣吴道子创作的壁画，其"吴带当风"的风格为当世所推崇。

725年，唐朝画家、天文仪器制造家梁令瓒与高僧一行用铜铸造了著名的浑天铜仪外，他还制造发明了全世界最早的自动报时的机械钟。高僧一行实测子午线及撰新历《大衍历》使天文历算又出现了一个新的高潮。

洛阳寺庙林立，多教汇聚于此地。尤其佛教在洛阳又达到高峰，

佛、道、儒三家渗透融合，使佛教的经论、仪规、造像几乎完全中国化。唐立寺造像靡费巨额，龙门石窟中规模最大、雕造极精的奉先寺石窟，就是这时期雕琢艺术水平的最高代表。

唐玄宗后期，由于他怠慢朝政，宠信奸臣，加上政策失误和重用安禄山等佞臣，导致了后来长达8年的安史之乱，为唐朝中衰埋下了伏笔。"安史之乱"后，唐朝的中央权力被大大削弱，而节度使的权势越来越大，最终形成的割据势力导致了唐朝的覆灭。

知识点滴

北魏时期推崇佛教，城内外佛寺达1367所，其中以皇家首刹、高达270米的永宁寺木塔最为壮丽。北魏晚期，由于胡灵太后大力推行佛教，使当时的佛教盛极一时，在她的支持下，北魏时期在洛阳兴建了许多石窟，如希玄寺和广化寺。

希玄寺位于洛阳巩义，仅佛像就有7743座。其中，《帝后礼佛图》是我国唯一的石刻图雕，具有极高的价值。

广化寺位于洛阳龙门石窟，建有高山门、天王殿、伽蓝殿、三藏殿和地藏殿5大建筑。

相继作为后梁后唐后晋的都城

901年，宣武节度使朱温晋封梁王后，通过历年征战，势力更加庞大。904年，他发兵长安，挟持唐昭宗李晔迁都洛阳。

之后，朱温仍担心唐昭宗有朝一日东山再起，就谋害了唐昭宗，然后又借皇后之命，立13岁的李柷为帝。李柷就是唐哀帝。

907年，朱温更名为朱晃，就是后来的梁太祖。他在废掉唐哀宗后自立为皇帝，改元开平，国号"大梁"，史称"后梁"。朱温即位后，他升汴州为开封府，就是后来的河南开封，建了后梁的西都。从此，唐朝灭亡。

909年，梁太祖迁都洛阳。由于他与据有太原的沙陀贵族李克用、李存勖父子连

年征战，损耗了大量的人力和财物，逐渐丧失了军事上的优势。后因他晚年未定皇位继承人，皇室内部矛盾尖锐。

912年，梁太祖营寨被李存勖夜袭后，他退到了洛阳，而且病入膏肓。913年，梁太祖四子朱友贞继位，又迁都开封。他就是梁末帝。之后，双方多次交战，均以梁末帝失败告终。但晋军也因此战元气大伤，梁晋战争沉寂了一段时期。

923年，晋王李存勖在魏州（在今河北大名）称帝，国号"大唐"，史称"后唐"，他就是后唐庄宗。后唐乘后梁西攻泽州，派大将李嗣源率骑5000袭击郓州。后梁启用王彦章为帅，北讨后唐，结果被俘斩。923年，后梁灭亡。

923年，后唐庄宗李存勖迁都洛阳，改西都为洛京，后又称东都。后来，由于唐庄宗宠用宦官，重用伶人并委以军国大事，朝廷上下离心离德，将士百姓怨气冲天。唐庄宗最终在926年死于兵变。

后唐末年，后唐河东节度使石敬瑭在晋阳，就是在后来的山西太

原起兵。由于他的势力不足以与后唐对抗，于是他后来勾结契丹，认辽太宗耶律德光为父，并将幽云十六州拱手献给契丹，另加岁贡帛30万匹。

936年，在辽太宗耶律德光的帮助下，石敬瑭攻入洛阳，灭掉了后唐。随后，辽太宗耶律德光册封石敬瑭为大晋皇帝，建都洛阳，国号"晋"，史称"后晋"。

后晋高祖死时，立他的侄子石重贵为继承人，石重贵登基后决定渐渐脱离对契丹的依附，于是他首先宣称对耶律德光称孙，但不称臣。

自944年契丹伐晋，连续两次交战，互有胜互。947年，契丹再次南下，后晋重臣杜重威降契丹，石重贵被迫投降。后晋之后，后汉、后周相继将开封作为国都，则把洛阳作为陪都。

自后梁起，后唐、后晋相继建都于洛阳，均以后梁河南尹张全义修葺的宫城为都，城郭规模、建筑布局无大改观，皇城、宫城远非隋唐洛阳盛况，城周长"五十二里九十六步"。

由于战乱和朝代的频繁更迭，洛阳的历史从此走到了衰落的阶段。至北宋时期，宋太祖赵匡胤在汴京称帝后，洛阳再未做过国都。但它仍然保留了其河南府仍以西京洛阳为中心，管辖后来的巩义、登封、渑池、偃师、孟津、伊川、新安、宜阳、洛宁和嵩县。

作为北宋的陪都，其城郭、宫室和清渠经多次修葺，仍保持五代时旧观。由于年久失修，加之后来金人入主中原，尽焚宫阙，这座古城最后荡然无存。

洛阳名园林立，有"天下名园重洛阳"和"洛阳花木甲天下"之称誉，北宋文学家、名臣李格非游洛阳时，曾撰成《洛阳名园记》。"生居洛阳"是当时士大夫们向往的生活。

大学"国子监"设立于洛阳。北宋卓越的政治家、文学家赵普和吕蒙正、富弼、文彦博、欧阳修等都曾居住洛阳。史学家司马光在洛

阳写出了《资治通鉴》，文学家欧阳修在洛阳编著《集古录》，理学家程颐、程灏、张载和邵雍都在洛阳留下了《二程全书》等名著。

在北宋时期，由于朝廷对佛教的极力推崇，仅洛阳一带就兴建了许多寺庙，其中最知名的庙宇，如北宋时期所建的观音寺与南宋时期所建的灵山寺。观音寺位于洛阳城南汝阳，又称"下寺"，仿洛阳白马寺布局，寺内存有大量壁画，人物形象栩栩如生。

灵山寺位于洛阳灵山北麓。灵山寺有四大奇观一直为人称道：一为寺门向北开，我国绝大多数寺院都是坐北向南，而灵山寺却是坐南向北；二为寺院有山门，灵山寺与别的寺院不同，独有城楼式山门；三为佛像有胡须，这在全国也是独有的；四为寺院与尼姑庵紧连，这在别的地方也是极少见的。

金灭北宋后，洛阳遭到再次毁灭性打击元气太伤，从此沦为了一个地方性城市。金朝将洛阳定为中京，设金昌府，并置洛阳县，重建洛阳城。金代时所建洛阳新城，就是后来洛阳老城的前身，规模很小。

1234年，蒙古族在全力灭金后，又火速进入了灭宋的战争中，而洛阳地处战争腹地，再遭劫难，百业凋零，经济萧条。

元朝时期，洛阳设河南江北行省，此后河南所指代的范围，不再限于河洛地区，而是作为河南江北行省或者河南省的次级行政区而存在。这一时期，河南府路向西扩展，纳入了灵宝、陕县和洛宁等地。

到了明朝时期，河南府进一步扩大，又增加了卢氏、栾川、嵩县和伊川大部。1368年，明太祖朱元璋在洛阳置河南府，并于1408年把他的儿子伊厉王朱彝封藩洛阳。1601年，明神宗朱翊钧把其第三子福恭王朱常询又封藩洛阳。洛阳作为明朝藩王的封地长达250年之久。

明代洛阳城是伊王、福王的封邑和河南府、洛阳县的治所，建筑规模比金、元有所扩大。1373年，明威将军陆龄依金、元旧址筑砖城，挖掘城壕。城周围约4千米，墙高13.3米，壕深约16.7米，阔10米。

明代洛阳城开四门，东曰建春，西名丽景，南称长夏，北为安喜。城门上建阙楼，外筑月城，环城设39座敌台。万历初年，河南守道杨俊民又改四门名称为东"长春"、西"瑞光"、南"薰风"、北"拱辰"。崇祯末年，又在城外筑一道墙，高约4.3米，宽3.3米，周长16.5千米。

在清代时期，清朝在洛阳置府治，设洛阳县。在明府王府的废墟上重建的洛阳知府衙门，曾作过光绪皇帝的行宫。清代洛阳城与明代

洛阳城相同。历任知府、知县都对城郭街道有所修缮。

　　1645年至1649年，守道赵文蔚和知府金本利用福王府残垣废砖，修砌加固了四面城墙，建城楼8座。1705年以后，分别重修了四面城门楼，且定名为东"迎恩"、西"方安"、南"望涂"、北"长庆"。

　　清代洛阳城内有东西、南北两条主干道。分东南、西北、东北、西南四隅。河南府署及通判署、教授署、推官署、经币署、察衙署均分布在四隅街巷内。

　　　　灵山寺有两孔石窟。东面窟里的石雕佛像，额题是"何须面壁"，两侧挂着"莫向他山借石；还来此地做人"的一副对联，所含禅机耐人寻味。西面窟额题"圣泽日新"，窟内有一股清泉流出，经石桥绕向前院，注入东西汤王池。

　　石窟后建有一座高台，上有大汤王殿及东西厢房。台上栽植数株银杏树和"扭筋莲花柏"，游人可在此尽享前人留下的余荫。观音寺中还有汤王池、洗心井等名景，池中或井中的水位无论旱涝，始终如一，堪称一绝。

古都安阳

安阳位于河南省最北部，地处南北交通要冲，东接齐鲁，西倚太行，北濒幽燕，南望中原，西部为山区，东部为平原。

安阳作为七朝古都，具有深厚的历史文化积淀。据考古发现，早在2.5万年前的旧石器时代晚期，人类就在安阳留下了活动的遗迹，创造了著名的"小南海文化"。

自商王盘庚率领部族迁徙安阳，相继有三国时的曹魏，十六国时期的后赵、冉魏、前燕，北朝时期的东魏、北齐等在此建都。

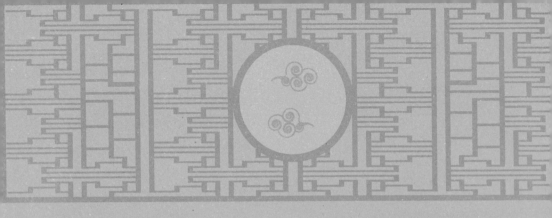

武丁为纪念亡妻建成妇好墓

相传，在4500年前，颛顼和帝喾在安阳境内建都。他们前承炎黄，后启尧舜，奠定了华夏文明的根基，他们都是贤明的帝王，被后世尊为华夏人文始祖。历史上确定安阳建都的最早文字记载，据商都殷墟甲骨文考古发掘证实为我国商代时期。

在公元前1300年，商王盘庚率领臣民从山东奄（即今山东曲阜）迁都于殷（即今安阳市区小屯村），安阳遂为殷商国都。

安阳古都内现存的商都殷墟位于安阳市西北处，面积约30平方千米，整个殷墟区大致分为宫殿区、王陵区、一般墓葬区、手工业作坊区、平民居住区和奴隶居住区，是我国第一个有文献记载并为甲骨文和考古发掘所证实的商代都城遗址。

从殷墟的规模、面积和宫殿的宏伟，出土文物的质量之精、之美、之奇、数量之巨，都可以充分证明它当时不仅是全国，而且是东方政治、经济和文化中心。商灭亡后，这里逐渐沦为废墟。

作为商代晚期的国都，殷墟依托洹河，地理位置优越，形成了以宫殿宗庙区为中心的环形、分层、放射状分布的总体规划形式，体现出了一个高度繁荣都城的宏大气派。

濒河而建的殷墟宫殿建筑以土木为主要建筑材料，形制多样，对我国古代的宫殿宗庙建筑产生了重要的影响。以宗族为单位的民居，成片分布，并铺设了陶制排水管道。其聚族而居、聚族而葬的形式，一直延续至今。

12座王陵大墓和数量惊人的人殉和祭拜用品则组成了我国目前已知最早的、最完整的王陵墓葬群，代表了我国古代早期王陵建设的最

高水平。

除了古老的商都殷墟之外，我国后人还在安阳所辖内黄县城东南30千米处，发现了古人为了纪念上古时期三皇五帝中高阳氏颛顼和高辛氏帝喾而修建的两座皇陵，称为二帝陵，又称高王庙。距今约有4500年的历史。

二帝陵始建年代不详。它坐北面南，占地350多平方米。沿着主轴线有御桥、山门、祭拜殿和陵冢等建筑。

由于清代一场铺天盖地的沙尘暴的掩埋，东侧的建筑群至今未能全部清理出来。墓冢位于鲋鳎山之阳，东为颛顼陵，西为帝喾陵。

二帝陵的围墙东西长160多米，南北宽66米，陵墓至大殿有3条甬道，甬道为砖石所砌。大殿在半山腰，殿内有历代碑刻40多通，院内共有元、明、清历代御祭碑碣165通，其中一通是元代重修记事碑。从山上走下，山门右侧有一眼宋代砖井，至今井水甘甜可口。站此远眺，可见御桥。

公元前1250年，殷商的第二十二任皇帝武丁登基。武丁即王位后，提拔傅说执政。傅说原为刑徒，被武丁发现，加以重用。武丁还任用甘盘为大臣，以此二人"接天下之政，治天下之民"，力求巩固统治，增强国力，使商王朝得以大治。

在武丁的统治下，商王朝的经济推向极盛，他也因此被称作"中兴之王"，后人又称他为武丁大帝。

这位武丁之所以在统治期间，取得了很好的政绩，一方面源于他会用人，另一方面还源于他有一个好妻子。

商王武丁的妻子名叫妇好，她是我国历史上第一位有据可查的女将军。她的名字叫"好"，"妇"则是一种亲属称谓，而她的另一个称号是"母辛"。

当年，武丁通过一连串的战争将商朝的版图扩大了数倍，而为武丁带兵东征西讨的大将就是他的王后妇好。

妇好死后，武丁不循皇家礼俗，厚葬妇好于宫殿之侧，为祭祀妇好，武丁又在其墓地上建造宗庙，甲骨卜辞称其为"母辛宗"的享堂。

这座为妇好兴建的陵墓保存至今，后人称它为"妇好墓"。该墓地位于河南省安阳市境内，是我国现存唯一能与甲骨文相印证而确定其年代与墓主身份的商王室墓葬。

整座墓地为长方形竖穴，南北长5.6米，东西宽4米，深8米。墓室上部有一与墓口大小相似的夯土房基，是用于祭祀的建筑。

墓内有二层台和腰坑，东、西两壁各有一个长条形壁龛。葬具为木椁和木棺，椁长5米，宽3.4至3.6米，高1.3米。椁室在潜水面下，大部塌毁，棺木也已腐朽，从残迹可知曾多次髹漆，其上还

附有一层麻布和一层薄绢。

　　墓室有殉葬者16人，其中4人在椁顶上部的填土中，2人在东壁龛中，1人在西壁龛中，1人在腰坑中，8人在椁内棺外。另外还殉狗6只，1只在腰坑中，余均埋在椁顶上部。

　　妇好墓虽然墓室不大，但保存完好，随葬品极为丰富，有不同质料的随葬品1928件，有青铜器、玉器、宝石器、象牙器、骨器、蚌器等。

　　其中，最能体现殷墟文化发展水平的是青铜器和玉器。青铜器共468件，以礼器和武器为主，礼器类别较全，有炊器、食器、酒器、水器等。多成对或成组，妇好铭文的鸮尊、盉、小方鼎各一对，成组的如圆鼎12件，每组6件，铜斗8件，每组4件。司母辛铭文的有大方鼎、四足觥各一对。其他铭文的，有成对的方壶、方尊、圆斝等，且多配

有10觚、10爵。

这些青铜器中，刻有铭文的铜礼器有190件，其中铸"妇好"铭文的共109件，占有铭文铜器的半数以上，且多大型重器和造型新颖别致的器物。

此外，还有贝6800余枚和海螺2枚，分别放在棺椁内和填土中。填土中有陶爵、石磬、象牙杯、玉臼、石牛、骨笄、箭镞等，椁内放置大量青铜礼器，棺内则主要放置玉器、贝等饰物。

这些精美绝伦的随葬品，反映了商代高度发达的手工业制造水平，为我国后人研究古老的殷商文化提供了重要的依据。

关于妇好和她的陵墓，以及武丁的故事，人们都是从妇好墓中挖掘出来的甲骨文中的记载而得知的。但是由于这些甲骨文的年代不同，为此，关于妇好墓中的主人和墓葬年代的问题，主要有两种意见：

一种认为墓主人妇好是第一期甲骨卜辞中所称的"妇好"，即武丁的配偶，庙号称"辛"，乙、辛周祭祀谱中称为"妣辛"，死于武丁晚期。

另一种则认为，墓主人妇好是三四期甲骨卜辞中的"妇好"，即商朝的第二十七位皇帝康丁的配偶"妣辛"。

知识点滴

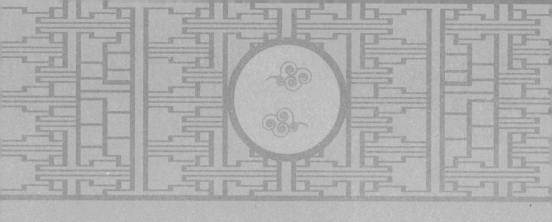

古都内外寺院和佛塔的兴建

　　安阳地处中原，368年佛教传入安阳后，当地就在城西麻水村修建了第一座寺院龙岩寺。后来，由于战火，这座寺院已不复存在。

　　南北朝时期，东魏孝静帝定都安阳城以北的邺都城，并大兴佛教，在东魏境内大建寺院。这时的安阳为邺城的陪都，受东魏大兴佛

教的影响，安阳市西南25
千米处的宝山山谷之中，
修建起了宝山寺。

宝山寺又名灵泉寺，
为东魏高僧道凭法师所
创。寺院周围八山环抱，
状若莲台。后来，隋朝建
立后，开国皇帝隋文帝
杨坚不仅为宝山寺御题了寺名"灵泉禅寺"，还诏请寺僧灵裕法师到
长安，封灵泉寺为全国最高僧官"国统"，统管全国寺院僧尼。历史
上，灵泉寺号称"河朔第一古刹"。

不过，现在此寺早已被毁，寺内只剩精美的唐代九级石塔1对，隋
狮1对，唐碑3通。寺院东西两山计有石窟247座，是我国现存规模最
大、时代最早、延续时间最长的摩崖浮雕塔林。

从隋唐到五代，安阳佛教处于兴盛时期。到了隋朝，由于隋文帝
从小是被尼姑养大，所以他当上皇帝后，命人在中原大地上大建寺
院。在这一时期，安阳城内西北处修建了著名的寺院天宁寺。不过，
这座天宁寺最终成为安阳城的重要古迹源于在寺院旁边的一座佛塔。

这座佛塔名为天宁寺塔，据说始建于五代十国的后周太祖郭威时
期。此塔现在位于安阳市中心，坐落在一个高达2米的砖砌台基上，塔
高38.6米，周长40米，平面为八角，七层莲花座下依平台，托承塔身。

塔顶为高10米的塔刹，宽敞的塔顶平台可容纳200多人。其浮屠五
级上有平台，下有圈门，每层周围有小圆窗。塔身五层八面，层层出
檐，顶大底小，形若伞状。塔身底层的四正面有雕塑精致的园券门，

门顶用砖雕刻有"二龙戏珠"。

天宁寺塔为砖木结构，以砖砌为主，塔的最下层塔身较高，立于莲花座之上。塔的八面壁上分别饰有直棂窗、园券门和佛画故事砖雕，其刻工细致，形象逼真，造型动人。最下面的是塔基，塔基上是一个圆形莲花座，莲瓣共七层，上下交错，左右舒展，上承塔身，下护塔基，把塔装饰得更为美丽。

这种平台、莲座、辽式塔身、藏式塔刹的形制，世所罕见。再加上塔身下部8根盘龙柱之间极其精美的佛教故事浮雕，历代名人登临后都赞叹有加。

为此，后来，该塔成为安阳城的重要标志。作为代表安阳古都文风的象征，天灵寺塔又名为"文峰塔"。但是，这座文峰塔却并不是安阳地区的第一座佛塔，那么，第一座佛塔，又是哪一座呢？

那便是始建于唐代德宗年间，素有我国"第一华塔"之称的修定寺塔。

此塔位于安阳市西北约35千米清凉山东南麓，也称为"唐塔"。因其门楣上镌刻着三世佛，故又称"三生宝塔"。因塔身表面为橘红色，因此也叫作红塔。

塔身呈正方形，通高约16米。塔的四面装有马蹄形团花角柱，两侧加滚龙攀缘柱。上檐外挑，形成雨棚，凹腰葫芦饰为顶盖，其装饰面积达300多平方米，无一处空白，远看其外貌如一顶坐北朝南华贵的方轿。这种佛、道的大融合体现了唐代文化中外交融、兼收并蓄的特点，是我国古代塔中的珍品。

在这座佛塔的旁边，还有因塔而命名的一座寺院修定寺。整个寺院布局坐北朝南，有3重院落，主要殿堂有：天王殿、大佛殿、二佛殿及铁瓦殿，四座大殿排列得错落有致。著名的修定寺塔就在天王殿与铁瓦殿之间。

关于安阳文峰塔的建造时间存在两种说法。一种说法是《安阳县志》上记载建于952年。另外一种说法认为文峰塔建于1065年，这在明成化年间的《河南总志》中有述。那么这两种说法那一种更为确切呢？这要从塔开始说起。

汉明帝时佛教传入洛阳，他死后，葬于西北的显节陵，内建一印度式塔。这个时期的佛塔具有明显的印度式造型风格。

唐朝时，佛塔多不设基座，塔基本都是四边形，而到了五代时期，塔已经过度到了六边形和八边形了。

在南北朝时期，河南嵩山嵩岳寺塔是保存至今的最早的一座砖塔。这座佛塔和文峰塔属于同一风格。为此，人们认为，安阳的文峰塔建于后周太祖郭威时期的可信度更高一些。

知识点滴

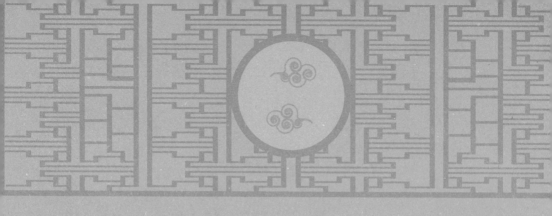

南宋时为纪念岳飞建岳飞庙

　　时间推移到了12世纪初，1103年的一天，在我国的安阳汤阴县菜园镇程岗村里，一位男孩出生了。这位男孩后来成为了汤阴人民的骄傲。他便是我国历史上著名的抗金英雄岳飞。

　　岳飞，字鹏举，从16岁起开始从军，32岁时当上了节度使，并先后出任太尉、宣抚使、枢密副使等职。在他任职期间，他曾四次举兵北伐，出师中原，收复郑州、洛阳等失地，大破金兵于郾城。

　　1142年，岳飞被奸臣所害，最后含冤而死，后人为了纪念他，便在安阳汤阴县城内建成了一座庙宇，取名精忠庙，又名岳飞庙，也称"宋岳忠武王庙"。

安阳汤阴县内现存的岳飞庙是明景泰元年，即1450年重建的。历代曾多次修葺、增建，至今占地6400余平方米，共有六进院落，殿宇建筑100多间。

岳飞庙坐北朝南，外廓呈长方形。临街大门为有名的精忠坊。精忠坊使用了6根木柱子，托起了5架房顶，古建筑学上有个说法，称之为"三间六柱五楼不出头"，实属建筑奇品。坊之正中阳镂明孝宗朱佑樘赐额"宋岳忠武王庙"。

精忠坊两侧墙上书有"忠""孝"两个大字，书写者乃明代万历年间彰德府的推官张应登。过精忠坊为山门，坐北朝南，三开间式建筑，两侧扇形壁镶嵌有滚龙戏水浮雕，门前一对石狮分踞左右。

山门檐下一排巨匾，上书"精忠报国""浩然正气""庙食千秋"，是后世书法家的手笔。

山门对面为施全祠，内塑后来刺杀秦桧惨遭杀害的忠臣施全的铜像。

前石阶下是 5 具十分抢眼的铸铁跪像，他们就是当年残害岳飞的奸臣秦桧及老婆王氏、张俊、王俊、万俟卨。在这五具跪像的后面，施全手举宝剑，怒目圆瞪，镇压着这些遭人唾弃的败类们。

岳飞庙的建筑很别致。精忠坊面西，而庙里主体建筑是坐北朝南的。拾级而上，越过挂满历代名人书丹匾额的山门，就是一处碑林。这里的规模虽不及西安的碑林，但是真、草、隶、篆书体皆备，其中也不乏乾隆、光绪、慈禧等人的墨迹。

岳飞庙的正殿面阔五间，进深3间，高10米，绿色琉璃瓦顶，整体建筑巍峨庄严，气势恢弘。大殿门楣数块巨匾"百战神威""乃文乃武""忠灵未泯""乾坤正气"。

其中，"百战神威"和"忠灵未泯"分别为清光绪皇帝和慈禧太后所题。正殿之内的岳飞塑像头戴帅盔，金盔金甲，轻靴战袍，手握宝剑，既有文官的气质，又有武将的威严。上悬岳飞手书"还我河山"。

此外，岳飞庙里还有几间厢房，分别是供奉岳飞长子岳云的岳云祠，供奉岳飞次子、三子、四子、五子的四子祠，供奉岳飞孙子岳珂的岳珂祠，供奉岳飞女儿岳孝娥的孝娥祠，以及岳飞部将张宪的张宪祠。

其中最引人注目的当然是贤母祠。据说，岳飞24岁那年，金军再次侵犯中原。岳家家境贫寒，又有妻室儿女，岳飞向母亲提出要再次从军。岳母深明大义，毅然担起了家庭的重担，送儿子岳飞上战场。临行之时，这位伟大的母亲亲手在岳飞的背上刺下了"精忠报国"4个大字，激励儿子为国尽忠。

岳母刺字的故事流传数百年来，教育与激励了一代又一代中华儿女，为民族的自由解放而英勇献身。

在岳飞庙正殿前方的神道上，还有一座富丽堂皇的御碑亭，但是亭子里却不见有碑。那么，这块儿御碑是哪位皇帝御笔亲题的？碑又到哪里去了？

他就是风流天子乾隆。1750年秋，清高宗弘历巡视嵩山返京路过汤阴岳飞庙，在拜谒岳飞后，由衷地写下了一首七言律诗加以赞颂。按理，碑亭不应建在神道正中，但封建社会皇权至上，所以破例。

后来，人们把乾隆诗碑移到了山门外的东侧。

知识点滴

清末两广巡抚建成马氏庄园

清朝末年，我国两广巡抚马丕瑶在自己的故乡安阳西蒋村修建了一座漂亮的建筑群作为自己的家园，这座建筑群被人们称为马氏庄

园。

这庄园的主人马丕瑶是安阳县西蒋村人，1862年进士。他为官30多年，勤政务实，政绩卓著，深受百姓爱戴和朝廷信赖，为此，百姓称呼他为"马青天"，光绪帝也褒奖他为"鞠躬尽瘁""百官楷模"。

在马丕瑶退休后，为了光大自己的家族，他命人在自己的家乡修建了马氏庄园。

这座庄园建于1885年，前后营建了50多年，建成后，占地面积为2万多平方米，建筑面积达5000多平方米，被誉为"中原第一宅"。

此庄园建筑共计6组，每组分4个庭院，共建9扇大门，俗称"九门相照"，有门、厅、堂、廊、室、楼，共308间。

整座建筑群分南、中、北3个区6路，共计21处院落，南区1路，坐南朝北，5重院落。中区4路，坐北朝南。

其中，西三路各建4重院落，东路建2重院落，再往东为马家园林。北区1路，亦坐北朝南，两重院落。除北区及中区东路外，每路均由4个"四合院"组成，均开9个门，自前向后依次排列在一条中轴线上，形成前门、中厅、后楼"九门相照"的格局。前半部分，用来对外接待宾客，后半部分为内宅。

庄园的北区位于中街路北，坐北朝南，前后2个四合院，后院之东西又各建一跨院，称为"亚元扁宅"。园内建筑多为硬山顶式的楼房，原来是马丕瑶祖上旧宅。马丕瑶的4个儿子分家时，将此区分给了次子马吉樟。

中区在三区中是规模最大的，约占整座庄园的2/3。它坐落在南街之北，亦坐北朝南，各类建筑共计158间，由家庙一路和住宅3路组成，其中家庙居东，住宅区居西，四路建筑各自成体系，左右又互相呼应。

家庙正门下层辟3道拱券门，上为读书楼五间。头进四合院东西厢房各5间，曰"东塾""西塾"。正房过厅5间，悬山顶，前后带廊，高台基，名曰"燕翼堂"；后院厢房各3间，东为"遗衣物所"，西为"藏祭器所"。正殿5间，高大宏伟，名曰"聿修堂"，即享堂。前建月台。

住宅三路的建筑形式及格局大同小异。中路大门高大宏伟，而东、西正门则均为洞券门，西路大门内又建有屏门。只有中路建有二门，内置屏门。后院又有不同：西路主房为平房5间，而中路、东路主房则各为楼房5间，东路东厢又为3间楼房。

在建筑规格上，中路为高，东路次之，西路又次之。在建筑时间上，西路较早，于1883年始建，中路于1887年始建，东路则于1889年始建。后来，马氏兄弟分家，东路归长子马吉森所有，西路归四子马吉枢所有。

南区与中区隔街相望，原设计为3路，其中东路建成于1924年，而

中、西二路仅将大门及临街房建成，后因时局变化，终未建成。

南区东路坐南向北，亦为九门相照，前后共计4个四合院。其中头进院和三进院相对较小，分别建有二门、三门，门两侧各为2间廊房，东西厢房各为3间；二进院和四进院比较大，其正房均为7间，东西厢房各为5间。

南区的建筑规模和规格，都明显高于中、北二区，这不仅表现在建筑体量的增大，大门的增多，而且表现在精美的石、砖和木雕建筑物件的大量使用。究其原因，南区为民国时期所建，已不再受封建社会的种种规定和限制。马氏四兄弟分家时，南区分给老三马吉梅。

整个庄园的建筑大部分为硬山顶、悬山顶、卷棚顶式，青砖蓝瓦。庄园装饰丰富多彩，石柱底部为方形，雕兽头、花草，上部为扁鼓形，刻联珠，部分门墩雕刻对狮。门窗上、房檐下都是木刻砖雕，

图案繁多，富丽堂皇。庄园留有家训屏风，马丕瑶"进士第"、马吉昌"太史第"等众多匾额和铜镜，长2.87米的慈禧"寿"字中堂，光绪御笔碑文。

此外，建筑群体之外，周围还有马氏义庄、庢庄、文昌阁、马厩、仓库、柴草库、马氏祠堂以及北、中、南3座花园等附属建筑，总占地面积在7万平方米以上。

整个庄园设计合理，布局严谨，主次分明，左右对称，前低后高，错落有致，气势宏伟壮观，被誉为"中州大地绝无仅有的大型封建官僚府第"。

　　安阳这座具有3300多年历史的古城，成为商代后期政治、经济、文化的中心后，相继又有三国时期曹魏、五代十六国时期后赵、前燕、东魏、冉魏、北齐等在安阳北郊的邺城建都。安阳也因此成为我国的"七朝古都"。

知识点滴

　　马氏庄园的创始人马丕瑶膝下有四男三女，他的子女中，有几位在我国近代史上占有一席之地。

　　长子马吉森是一位著名的实业家，他开办了安阳六河沟等煤矿，首创安阳广益纱厂，成立安阳矿业总公司，开了河南地方民族工业之先河。

　　次子马吉樟，进士出身，历任翰林院编修、国史馆协修、会典馆总校、湖北提法使、按察使等职，深得朝廷器重。

　　三女马青霞，又名刘青霞，光绪帝诰封她为"一品诰命夫人"。是我国著名的资产阶级民主革命家、教育家、社会活动家，有"南秋瑾、北青霞"的美名。

古都开封

  开封位于河南省东部，是我国八大古都之一和国务院首批公布的24座历史文化名城之一。开封简称汴，有"十朝古都""七朝都会"之称。

  在我国的历史上，开封曾被称为大梁、汴梁、东京和汴京等。历史上曾先后有魏国、后梁、后晋、后汉、后周、北宋和金7个王朝建都于开封。

  开封城市格局形成较早，古城风貌浓郁，北方水城独特，有着悠久的历史文化。自北宋以来，开封就享有戏曲之乡、木版年画之乡、汴绣之乡、菊花之乡和盘古之乡的美誉。

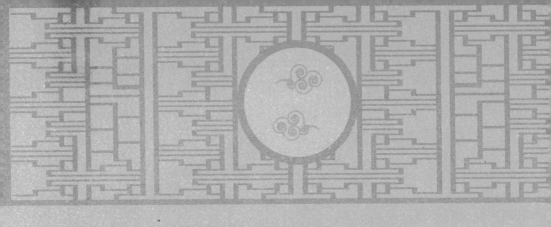

从储粮仓城演变而来的古都

开封位于河南省郑州市以东的黄河中下游南岸，北依黄河，南接黄淮平原，东临华东诸省。古称汴梁、汴京、东京，简称汴，是我国八大古都之一，先后有战国时的魏，五代时期的后梁、后晋、后汉、后周以及北宋和金朝定都于此。所以开封素有"七朝都会"之称。

据考古发掘，在开封的万隆岗遗址中有石镰、陶器等新石器时代的遗物。在尉氏县县城西南的断头岗也发现了一处新石器早期裴李岗文化遗址，相继发掘有石器、陶器以及人骨和兽骨等。

这些考古发掘证明，早在五六千年前，在开封就已经有了人类活动。不过，关于开封城的建立和命名，却要从春秋和战国时期说起。

春秋时期，开封境内先后建有"仪邑"和"启封"两座古城。"仪邑"是开封历史上有记录以来最早的名字，是卫国的一座小城，建在大湖蓬泽以北，而启封城是后来郑庄公建在大湖蓬泽以南的储粮仓城，取"启拓封疆"之意。

战国时期，七雄争霸中原。地处关中的秦国不断强大。为躲开秦国的威胁，原建都于山西安邑的魏国，于公元前364年迁至"仪邑"，并筑"大梁"城。这是开封有明确历史记载的第一次建都。

大梁城比现在的开封古城略大，位于现开封城的西北部。魏国迁都大梁之后，引黄河水入圃田泽（即今郑州圃田），开凿鸿沟和引圃田水入淮河。水利既兴，农业、商业得到极大发展，日趋繁荣，大梁遂发展为中原商业都会，人口达30多万。

秦国统一六国后，大梁城被毁。同时，秦国实行郡县制，大梁作

为败亡国的国都被降为"浚仪县"，从此，大梁降为一般郡县城市。

公元前168年，梁孝王刘武先定都启封，后迁商丘。他在启封（即今开封市东南方）筑规模宏大的梁园，绵延数十里。

到了西汉时，因汉文帝名字叫刘启，为了避汉文帝名字的讳，就把启封的"启"改成了"开"，因为启和开是同义词，这便是最早"开封"的由来。

在现存的开封古都内，至今还保存着从遥远的春秋和战国时期遗留下来的名胜古迹，这就是古都开封著名的禹王台。

禹王台，又名古侯台，位于开封城外东南约1.5千米处。现存地址已经开辟为禹王台公园。园内原有一土台，相传春秋时，晋国大音乐家师旷曾在此吹奏乐曲，故后人称此台为"吹台"。

后来，因开封屡遭黄河水患，为怀念大禹治水的功绩，1523年，人们在吹台上建造了座禹王庙，庙内塑有高大的禹王像，东西两个配殿安放着师旷及李白、杜甫、高适三位诗人的塑像。禹王庙后改名禹王台。每年4月开封禹王大庙会都在此举行，热闹非凡。

此外，在禹王台公园的西侧，还有一座长约百米自然形成的宽阔高台，因附近原来居住姓繁的居民，故称为繁台。北宋时期，每当清明时节，繁台之上晴云碧树，殿宇峥嵘，已经是一片早春的景色，是开封城内居民郊游踏青的最佳地点。

北宋诗人石曼卿来此地春游时写诗云："台高地回出天半，了见皇都十里春。"他用古诗赞美在繁台春游时，还能欣赏到北宋皇都春天的景色。于是，著名的汴梁八景之一的"繁台春色"也由此而得名。

现今禹王台公园内的主要景点有：纪念师旷的古吹台；康熙亲书"功存河洛"牌匾的御书楼和乾隆御碑亭；为纪念李白、杜甫、高适三位大诗人登吹台吟诗作画而建的"三贤祠"；纪念大禹治水的禹王殿；纪念37位治水功臣的"水德祠"；等等。

园内古树参天，奇树佳卉，亭廊楼阁，风光旖旎。登临其间，令人游目骋怀而心旷神怡。"梁园雪霁""吹台秋雨"，从明清至今被誉为著名的汴梁八景之一。

林木茂盛、环境幽雅的禹王台公园现已成为古都开封的一处主要浏览胜地，是名副其实的千古名园。

知识点滴

北齐时期始建著名佛教寺院

534年，东魏孝静帝设置"梁州"，以浚仪为州治，管辖陈留、开封和阳夏三郡。

几年后，北齐文宣帝高洋占领了汴州，为了宣扬自己的"建国"之功，文宣帝分别于555年和559年，在汴州兴建了著名的建国寺和独居寺。

这是开封古都最早佛教文化的传播，这对后来的东京文化的勃兴做了前期的准备。

其中，建国寺的旧址原为魏公子无忌信陵君的故宅。建国寺后来毁于战火。

　　701年，僧人慧云来到汴州，托辞此处有灵气，即募化款项，购地建寺。动工时，大家从此地挖出了北齐建国寺的旧牌子，为此，为新建的寺院命名为建国寺。

　　712年，唐睿宗李旦为了纪念他由相王即位当皇帝，遂钦赐维修建国寺，为寺庙更名为相国寺，并亲笔书写了"大相国寺"的匾额。

　　开封古都现存的大相国寺位于开封市中心，著名的"相国霜钟"指的就是此寺院里的铜钟。

　　据载，钟楼内所悬铜铸大钟一口为1768年所铸，高约2.67米，重5000多千克。钟体铸有16字铭文：

　　　　皇图巩固，帝道遐昌。

　　　　佛日增辉，法轮常转。

当年，相国寺每日四更鸣钟，人们闻钟声就纷纷起床上朝入市，投入一天的生活。无论风雨霜雪，钟声从不间断。特别是每逢深秋菊黄霜落季节，猛叩铜钟，钟楼上便传出阵阵雄浑洪亮的钟声，声震全城。因此有"相国霜钟"的美称。

在宋代时期，相国寺更是深得皇家尊崇，多次扩建，占地约34平方千米，管辖64个禅、律院，养僧千余人，是当时京城最大的寺院和全国佛教活动中心。其建筑有"金碧辉映，云霞失容"之称。

同时，相国寺的主持由皇帝赐封。皇帝平日巡幸、祈祷、恭谢以至进士题名也多在此举行。所以相国寺又称"皇家寺"。

北宋灭亡后，相国寺遭到了严重破坏，之后各代屡加重修，时盛时衰。现在相国寺的主要建筑都是清代遗物，布局严谨，殿宇崇丽，高大宽敞，巍峨壮观，确不愧为久负盛名的古寺宝刹。

再说和相国寺在同一时期内修建的独居寺，此寺位于开封市东北处。唐玄宗开元年间，此寺改名为封禅寺。

970年，寺院又重新改名为开宝寺。当时，寺院有280区、24院，为开封之钜刹，与大相国寺分辖东京各寺院僧侣。北宋历代皇帝常在此游幸或做佛事，并于寺内设礼部贡院，考试全国举子。

982年，为供奉佛舍利，寺院僧人在寺西的福胜禅院内增建一座八角13层之木塔。这座木塔后来被命名为福胜塔。

此塔后来毁于雷火，1049年重建。重建的佛塔和木塔式样相同，改用铁色琉璃砖瓦，俗称"铁塔"。塔壁上嵌有飞天、降龙、麒麟、菩萨、力士、狮子、宝相花等50余种，是宋代砖雕艺术的佳作。

自明代起，开宝寺又被民间通称铁塔寺。1841年，黄河水围开封城，此后，寺院便不存在了。不过，位于寺院旁边的铁塔却保存了下来，并成为开封古都的知名建筑。

现存的开封铁塔享有"天下第一塔"的美称，它以卓绝的建筑艺术及宏伟秀丽的身姿而驰名中外。

铁塔平面呈等边八角形13层实心塔，高55.88米，塔身挺拔、装饰华丽，犹如一根擎天柱，风姿峻然。塔下仰望塔顶，可见塔顶青天，景致极为壮观。

塔身内砌旋梯登道，可拾阶盘旋而上，直登塔顶。当登到第五层时，可以看到开封市内街景，登到第七层时，可以看到郊外农田和护城大堤，登到第九层时便可见黄河如带。

当登到第十二层时，便会感到置身在白云中，所以，此塔又有"铁塔行云"之称。

由于岁月的剥蚀，现存的铁塔原来的颜色已模糊不清，"日月丽层屑，今但存白黑""白黑"是复合偏义词，即黑。所以铁塔又有黑塔之称。

此塔设计精巧，完全采用了我国传统的木式结构形式，塔砖饰以飞天麒麟、伎乐等数十种图案，砖与砖之间如同斧凿，有榫有槽，垒砌严密合缝。

开封铁塔建成900多年来，历经战火、水患、地震等灾害，至今仍巍然屹立，实在让建筑专家和中外游人叹为观止。

因此，可以说，开封铁塔是开封古都现有的13处国家级文物保护单位中，最具代表性的文物，也是文物价值最高、分量最重的宝物，有开封市"镇市之宝"之称。

历史上，开封城内的大相国寺可谓高僧辈出，名士荟萃。唐代画家吴道子以及著名文豪和思想家苏轼、王安石等，都曾在该寺留有辉煌足迹。

《水浒传》"鲁智深倒拔垂杨柳"的故事，就发生在大相国寺。同时，寺院还有"资圣熏风""相国钟声"等景观，也名列"汴京八景"之中，名闻遐迩。

此外，在每年新年和金秋十月时，大相国寺还要举行元宵灯会以及一年一度的水陆法会。在这些日子里，人们不仅可以欣赏到巧夺天工的灯饰，还可以参加丰富多彩的游艺活动，尽情享受节日的欢欣。

知识点滴

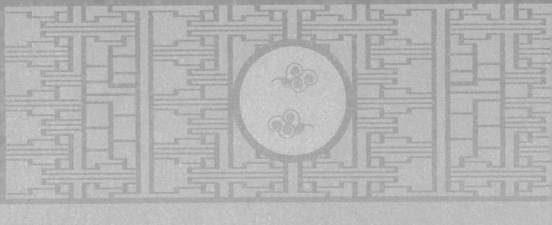

历朝古都留下的"城摞城"

960年，宋太祖赵匡胤建立北宋，定都汴州，称为"东京"。从此掀开了开封在我国古代都城发展史中崭新的一页。

之后，经过北宋九帝168年的大力营建，开封终于在11世纪至12世纪初成为我国乃至世界上最大最繁荣的城市。

在此期间，北宋帝王们命人将开封城建成了由外城、内城、皇城3座城池相套的宏大城郭。

据史记载：北宋后期，东京外城周长约为30千米，高约14米，宽约20米，居住人口达150余万。经金、元、明、清各朝代，开封城几经战火、水患，一代名城逐渐湮没于历史长河。

现存的开封古城墙是新中国成立后，考古队经过多次调查、钻探和发掘发现的。

古城在开封地下3米至12米处，上下叠压着6座城池，其中包括3座国都、2座省城及1座中原重镇，构成了"城摞城"的奇特景观。

其中，开封"城摞城"最下面的城池魏大梁城在地面下10余米深处。唐汴州城距地面10米深左右，北宋东京城距地面约8米深，金汴京城约6米深，明开封城约5米到6米深，清开封城约3米深。

整座古城是一个东西略短、南北稍长，由内向外依次筑有皇城、内城、外城，并各有护城壕沟的都城。它不仅城高池深，而且墙外有墙，城中套城。

外城又名新城、郭城、罗城，是北宋东京城军事防御的第一道屏障。这座城墙始建于后周显德年间，宋朝以来，多次对外城进行了修葺和扩建，使其逐步成为一座城高池深、壁垒森严的军事城池。

　　现存外城周长近30千米，其中西墙长约7.5千米，东墙长近8千米，南墙和北墙长约7千米。外城四周有护城河，宽约40米，距今地面深11米左右。

　　城墙一般埋在地面下约4米深处，底宽30米左右，高6至9米，顶部残宽近4米。城墙夯筑，夯层厚0.08至0.14米，夯面上有较密的圆形夯印。位于开封市金明区西郊的高屯村和3间房村之间的西南城角保存最好，尚高出地面1米左右。

　　据文献记载，外城原有12座城门和9座水门，现已探明19处。

　　这些城门，除东部只有4座城门以外，其余三面都是5座城门。其中，位于东部东南的东水门和东北水门、西边的西水门和西北水门，南部的普济水门和广利水门，以及北部的永联水门是为河道而准备的水门。

　　其他的城门，除了东边的新宋门、南边的南墙正门南薰门、西边的西墙正门新郑门、北边的封丘门是直门2重，也就是与原有的城门相重合，其余城门都是"瓮城三层，屈曲开门"。有的瓮圈面积达1.3万平方米，为历代都城所少见。同时，新宋门、南薰门、新郑门、封丘门与东南西北4条御街相连，是在不同方向上的4座主要城门。

其中，新郑门在后周时又被称为迎秋门，又因向西可直通郑州且与内城郑门相对，故又俗称新郑门。新郑门外大道南北分别为北宋四苑之一的琼林苑和北宋时著名的皇家园林金明池。

内城又称阙城、里城、旧城，是东京城的第二道城墙，也是衙署、寺观和商业集中的地方。

此城墙是在唐代汴州城的基础上修建而成的。整座内城呈东西稍长南北略短的长方形，坐落在现在开封市的旧城区。

其南墙位于现存明清城南墙北约300米处，北墙位于宋代皇宫后

御龙亭大殿北约500米处。东西墙与现存的开封明清城墙东西墙基本重叠。四墙全长约11.5千米左右，与文献记载的"二十里一百五十五步"基本吻合，其周长较现存的明清城墙略小。

由于内城在北宋末期靖康年间遭到了较大破坏，金朝末年金廷定都开封期间曾将内城南北墙进行了扩展，所以内城遗址与外城遗址相比，毁坏较为严重。

内城的南北墙只剩下了宋代地面下的墙基部分，距地表深8米至9.8米，墙基残高0.6米至1.8米，残宽3米至10米。

这说明金宣宗曾将内城南北墙铲平后又向外扩展，所以南北墙只保留了金代地面下的墙基部分。而内城的东西墙则没有受到扩展的影响，因而保存得比较完好。

这些城墙遗址表明，金代和明清两代都曾在宋内城基础上屡次修筑城墙，几座不同时期的城墙叠压在一起，便形成了开封城下特有的"城摞城"奇特景观。

据史载，北宋内城共有10座城门，2座水门。由于内城遗址勘探中只能利用旧城内稀少的空地进行，因此很难确定城门的确切位置。迄今为止，只有朱雀门和汴河西角门子以及大梁门的位置已大致测定，其余各门尚无踪迹可寻。

其中，大梁门是开封古城的西门，始建于唐建中二年，即781年，北宋时又称为"阊阖门"，俗称西门。其城门楼后屡经战乱和风雨水患，残败破落，终遭拆除。

开封现存的大梁门是新中国时期重建，是开封目前唯一重建的一座城门，成为古都的重要象征。城门基采用青砖结构，设拱形门洞3个，城楼采用重檐歇山式建筑风格，雕梁彩绘，古朴典雅，雄伟壮观。

开封古城的皇城又称大内、宫城，位于内城北部稍偏西处，也就是龙亭大殿北侧到午朝门一带，共辟6门，南面正门为宣德门，宋徽宗在其画作《瑞鹤图》中，曾将宣德门的巍峨气象如实描绘了下来，使后人得以观瞻其庄严肃穆、金碧辉煌的景象。

北宋皇城呈东西略短、南北稍长的长方形。其东、西墙各长约690米，南、北墙各长约570米，四墙全长约2.5千米左右，与史书《宋史·地理志》等记载的宋皇城"周回五里"大致吻合。

在宫城南半部中轴线上，有一处平面呈"凸"字形的夯土建筑台基，是北宋皇宫内的正殿大庆殿。基址东西面阔约80米，南北进深60多米，残高6米左右。

台基四壁均用青砖包砌，四周环有宽约10米、长近千米的包砖夯土廊庑基址，各面有门。

除在宋内城和皇城遗址发现的"城摞城"现象外，在考古过程中，考古专家们还发现了古城很多"路摞路""门摞门""马道摞马道"的奇特现象。

繁华的中山路是开封市旧城的中轴线，其地下 8 米处，正是北宋东京城南北中轴线上的一条通衢大道御街，中山路和御街之间，分别叠压着明代和清代的路面，这种"路摞路"的景观还意味着，从古代的都城到现代的城市，层层叠加起来的数座开封城，南北中轴线居然没有丝毫变动。

另外，考古学家还在开封城墙西门大梁门北侧发掘出一条晚清时期的古马道遗迹，并在其下深约1米处，又发现了一段保存完好、人行道和石阶清晰可见的古马道遗迹。

更令人惊奇的是，在第二层古马道下约0.5米深的地方，又发掘出一条砖层腐损严重、使用时间较长、年代更为久远的古马道。

三层古马道上下层层相叠，以立体的形式真切展示了开封城下"城摞城"的奇特景观，再次为"城摞城"现象的研究增添了更为确凿的实证。

北宋东京城遗址发现之后，开封政府对重要遗迹附近的建设工程严加控制。1989年划定这些古城墙为文物保护范围，并建立石质保护标志碑。

在我国古代都城发展史上，有一个颇为有趣的现象是，古都开封虽历经兵燹水患，基本上都是在旧城址上屡建屡淹，又屡淹屡建，形成奇特的"城摞城"现象。那么，当时的统治者为何这样对开封情有独钟呢？

首先，从自然环境上看，开封与其他古都相比，有着极为优越的水利网络设施，这里一马平川，河湖密布，交通便利。不但有人工开凿的运河汴河与黄河、淮河沟通，还有蔡河、五丈河等诸多河流，并且开封还是这些河流的中枢和向外辐射的水上交通要道，这一点是我国其他古都远远不能比拟的。

从文化地理的角度来看，开封地处中原腹地，自古就有"得中原者得天下"的说法。这些原因让古代的统治者不愿轻易放弃这块宝地。

知识点滴

繁荣北宋留下的古迹与文化

在北宋统治开封古都的160多年里，城内交通水陆兼容，畅通无阻。都城建设在布局上、实行坊市合一，人口一度达到150多万。

同时，城内的商品经济也得到空前的发展。开封古都不仅成为当时全国的政治、经济、文化中心，而且成为"人口上百万，富丽甲天下"的国际大都会。开封古都从此进入了它历史上的黄金时代。

关于这段黄金时期，北宋著名宫廷画家张择端用一副《清明上河图》生动地描绘了出来。

这件享誉古今中外的传世杰作，在问

世以后的800多年里，曾被无
数收藏家和鉴赏家把玩欣赏，
也因此成为了后世帝王权贵巧
取豪夺的目标。

它曾辗转飘零，几经战
火，历尽劫难……演绎出许多
传奇故事。现在，被作为故宫
十大镇馆之宝之一，存放在北
京故宫博物院内。

当然，在被北宋统治了100多年的开封古都内，除了张择端留下的
著名画作，还留下的丰富的文物古迹遗存，最著名的古迹建筑有：御
街、开封府、包公祠、天波杨府、开宝寺铁塔、金池和州桥等。

其中，御街是开封城南北中轴线上的一条通关大道，它从皇宫宣
德门起，向南经过里城朱雀门，直至外城南熏门止，长达约5千米，
是皇帝祭祖、举行南郊大礼和出宫游幸往返经过的主要道路，所以称
其为"御街"，也称"御路""天街"或者"宋端礼街"。

据《东京梦华录》中记载，御街宽约200米，分为3部分，中间为
御道，是皇家专用的道路，行人不得进入，两边挖有河沟种满了荷
花，两岸种桃、李、梨、杏和椰树，河沟两岸有黑漆叉子为界，在两
条河沟以外的东西两侧都是御廊，老百姓买卖于其间，热闹非凡。

开封城内的开封府名扬中外，是北宋时期的天下首府。开封府规
模庞大，气势宏伟。包拯任开封府尹时，铁面无私，执法如山，扶正
祛邪，刚直不阿，美名传于古今。

包公祠位于开封城西南碧水环抱的包公湖畔，占地1万平方米左

右，建有大殿、二殿、东西配殿、回廊和碑亭等，风格古朴，庄严肃穆。东侧为灵石苑，由石雕和水榭构成，典雅别致。祠内列有包公铜像，龙、虎和狗铜铡，包公断案蜡像，包公史料典籍和《开封府提名记碑》碑文，等等。

开封城内的天波杨府是北宋抗辽名将杨业的府邸，因位于京城西北隅天波门的金水河旁，故名天波杨府。史书记载，宋太宗赵光义为表示对杨家世代抗辽报国的敬仰，敕在天波门的金水河边建无佞府一座，并亲笔御书"天波杨府"匾额。同时，他还下御旨：经天波府门，文官落轿，武官下马。杨业为国捐躯后，改为家庙，名曰"孝严寺"。

天波杨府主体建筑有钟鼓楼、天波楼、东西配殿、杨家将群塑、佘太君庙、校场、点将台、帅旗以及杨家兵器等大量实物资料。园内花木繁茂，幽静典雅。整座建筑结构匀称，古朴典雅，庄严肃穆。

金池也称金明池，位于开封市西郊演武庄一带，是北宋时皇家园林之一，也是当时水上游戏和演兵的场所。在它周围有仙桥，桥面三虹，朱漆阑楯，下排雁柱，中央隆起，称作骆驼峰。仙桥桥头有五殿相连的宝津楼，位于水中央，重殿玉宇，雄楼杰阁，奇花异石，珍禽怪兽，船坞码头，战船龙舟，样样齐全。

州桥是北宋时期开封京城内横跨汴河、贯通皇城的一座石桥，位于开封市大纸坊街东口至小纸坊街东口之间。据《东京梦华录》记载，州桥是一座镌刻精美、构造坚固的石平桥，是四通八达的交通要道，也是当时汴河桥中最壮观的一座。

除此之外，开封古城的水运也十分兴隆，仅贯穿全城的水道就有汴河、惠民河、五丈河和金水河。

朱仙镇位于汴州城南10千米处，北宋末年著名抗金大将岳飞曾率军于此大破金兵，为纪念其功绩，有人在朱仙镇建了一座规模宏大的岳王庙。

朱仙镇岳飞庙，俗称岳王庙。该庙始建于1470年秋。该庙占地1.8万平方米。这座庙坐北朝南，外廊呈长方形，三进院落。经明、清两代的多次整修和重建，整个殿堂恢宏庄严，碑亭林立。朱仙镇岳飞庙与汤阴、武昌和杭州岳飞庙统一称为全国四大岳飞庙，享誉中外。

在庙内前院正殿中供有岳飞及其部将的塑像，后院大殿里有岳飞

夫妇塑像，东西厢房里分别供着岳飞的儿子和儿媳的塑像。庙院里保存有两座岳飞亲笔书写的送紫岩张先生北伐诗和《满江红》词碑刻。

知识点滴

　　虽然很多人认为《清明上河图》的作者是北宋时期的张择端，但也有一种说法认为此画不只由张择端一人所画。

　　这幅作品历时10年才画成。这幅画受到历代画家的喜爱，因而又有了许多仿本出现。其中"明四家"之一仇英仿作的《清明上河图》影响最大，苏州一带仿本大都以"仇本"为底本。

　　新中国成立后，在开封市龙亭湖西岸，建成了以宋代画作《清明上河图》为蓝本，按照《营造法式》为建设标准的清明上河园。此园集中再现了《清明上河图》上的风物景观，再现了世界闻名的古都汴京千年繁华的胜景，是我国第一座以绘画作品为原型的仿古主题公园。

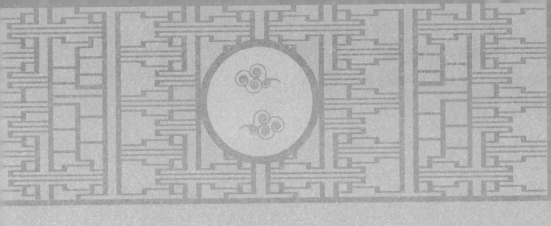

金末时始建道教名观重阳观

1169年，道教全真教创始人王重阳带领丘处机等4个弟子来到开封古都，寓居于瓷器王氏的旅馆中。

在开封，王重阳收下时称"孟四元"的孟宗献为徒。那么，什么是"孟四元"呢？就是"四元及第"的意思。

要知道，在我国古代，"三元及第"就已经是读书人的最高梦想了。

在我国上千年的科举史上，只有12人曾经"三元及第"。而孟宗献乡试、府试、省试、廷试都是第一，是我国科举史上唯一的"四元"状元。

由于这位孟宗献在当时非常出

名，为此，当他拜王重阳为师后，此事在开封古都引起了一时的轰动。

几年后，王重阳在开封仙逝，他的灵枢暂放于孟宗献家的后花园中。他的丧事也是由新弟子孟宗献一手操办的。

据说，王重阳寓居瓷器王氏旅馆期间，王氏对王重阳不太礼貌。王重阳对王氏说道："我现在住在这个地方，他日要让子孙为我在此建一座宫殿。"

王氏认为王重阳是在发狂言，说气话。但没想到，王重阳逝世的几年后，他的弟子们为了纪念他，便买下了王家大宅，并在原址上大兴土木，历时30年，建起了一座广袤七里、气压诸方的壮丽道观。

由于此道观是为了纪念王重修而修建的，为此，道观建成后，人们为它取名为重阳观，又名朝元宫。

后来，原道观毁于兵火，现存建筑是1373年重建，并改名为延庆观。

延庆观位于开封市市中心的观前街，南临开封府、东为相国寺、西接包公祠，是开封市包公湖风景区重要景点之一，它与北京的白云观、四川的常道观并称为我国的三大名观，堪称为中原第一道观。

　　延庆观的主体建筑玉皇阁，又名通明阁，坐北朝南，通高18.25米，用青砖和琉璃瓦件构成，结构严谨，富于变化，共为3层，下层为方形，4坡顶，室内下方上圆，4角砌出密集斗拱，顶似蒙古包，中层呈棱状，8面壁体上附加相互连接的8座悬山式建筑山面。

　　上层为八角阁室，南北各辟一门，室内放置着玉皇及左右侍臣石雕像。阁顶作攒尖式，琉璃瓦顶上施铜质火焰玉珠。结构奇特，色彩绚丽。

　　玉皇阁是一座汉蒙文化巧妙结合的、具有元代特征的明代无梁阁，距今已有700多年历史了。

　　院内建筑呈中、左、右3路分布格局，中路为二进院落，从南至北依次为穿心殿、玉皇阁、三清殿；左路有六十甲子殿、八仙醉酒殿廊等；右路是重阳殿。寺院坐北朝南，在建筑上保留了宋元时期汉文化同蒙古文化融合的显著特征。

　　道观内最著名的文物有：汉白玉雕玉皇大帝、玄武大帝铜像、蒙古骑狮武士、八仙醉酒图、木雕、砖雕。

　　其中，有"三绝"属独有奇观：

　　玉皇大帝：为明代观内原存文物，此佛像雕刻精细，有极高的文物价值。

蒙古骑狮武士：蒙古武士头戴尖顶卷边毡帽，脚穿筒靴，身穿皮毛衣服，纹路清晰，充分体现了汉蒙文化的结合。

玄武大帝铜像：为1486年铸造的，铜像高1.96米，重1000千克。

开封古都内的延庆观景区面积达1500平方米，建筑保存基本完好。该观在我国道教史、建筑史、艺术史、民族关系史上均占有重要的地位。而且，它的存在也使开封地区自宋朝以来的古建筑保持了宋、元、明、清的完整序列。

知识点滴

全真道是我国道教后期的两大派别之一，也称全真派。金初创立。因创始人王重阳自题居庵为全真堂，凡入道者皆称全真道士而得名。

该派汲取儒、释部分思想，声称三教同流，主张三教合一。以《道德经》《般若波罗蜜多心经》《孝经》为主要经典，教人"孝谨纯一"和"正心诚意，少思寡欲"。

王重阳死后，他的弟子马钰等七人继续传道，创遇仙、南无、随山、龙门、嵛山、华山、清静七派，但教旨和修炼方式大致相似。

清代富商集资修成山陕会馆

　　1642年，由于黄河水患，汴城被淹，直到清初，开封古城仍是废墟一片。经过100多年的休养生息，到乾隆年间，开封日渐繁华，南来北往的客商纷至沓来。

　　在此期间，商业以农产品、布匹及日用货品充市为主，大多操在山西客商行帮之手。这些客商为扩大经营，保护自身利益筹结同乡会，又联合了陕西和甘肃等地的富商巨贾，一起集资把开封古城内明代"开国元勋第一家"的中山王徐达府的地盘买下，并在此遗址上修成了著名的山陕甘会馆，成为富商们和同乡聚会的场所。

山陕甘会馆简称"山陕会馆"，位于河南省开封市内徐府街。此会馆始建于1765年，距今已有200多年的历史。

会馆为一处庭院式的建筑，主体建筑由照壁、戏楼、钟鼓楼、牌坊、正殿和东西配殿等组成。整个建筑布满砖雕、石雕和木雕，堪称会馆三绝。这些雕刻艺术将佛教故事、传奇人物雕制得惟妙惟肖，生动逼真，具有很高的艺术价值。

其中，照壁、戏楼、牌楼和大殿等置于中轴线上，附属建筑位于东西两侧，建筑之间以檐廊串联，整座建筑群整齐而精致。

会馆内的照壁临街而建，覆以庑殿顶、绿琉璃瓦，显得方正庄重。照壁两侧有飞檐高耸的东西掖门。

进入会馆，迎面是戏楼。戏楼又称歌楼，旧时每逢节日、祭祀、还愿、祝寿等活动，这里均有精彩演出。

戏楼上的木雕为镂空透雕，上下宽度达1.7米，雕刻题材有象征吉祥如意各种瓜果、花鸟、动植物、山水、人物、神兽、龙凤等，雕刻技法精湛。景物玲珑剔透，栩栩如生，加之丹青彩画，更显得绚丽多彩，金碧交辉。

会馆内还有垂花门、钟鼓楼、东西配殿、东西跨院等建筑，院内树木扶疏、花香莺啼，颇有意境。

会馆布局严谨，建造考究，装饰华丽。最值得一提的就是馆内的雕刻和丹青，馆内遍布各种各样的木雕、石雕和砖雕等，雕工精美，栩栩如生，是我国雕刻艺术中的珍品，而各色的丹青彩绘极具民族特色，具有极高的艺术价值。

会馆坐北向南。门前由一座雕砖砌成的大照壁。高约7米，上盖黄绿琉璃瓦。正面砖刻透雕山石、人物、花鸟、花果、博古等图案，背面正中嵌有一块约1.66米见方的石雕。石雕外方内圆，浮雕双龙戏珠，四周12条小龙相对盘绕，外层有花纹镂圈。

由照壁入内，东西两厢，钟楼鼓楼对峙，楼顶琉璃瓦覆盖，中装葫芦宝瓶。下有2层飞檐，4根通柱，12根小柱。柱间树以隔扇。几何图形的塌心，通风透光，明亮雅致。楼内悬钟置鼓，庄严秀拔，击之，钟声嘹亮，钟音雄浑。

顺着甬道向北有一座牌楼，面阔3间，气势雄伟，装饰堂皇。次间向前后叉开，形成五楼三牌坊。中枢高耸，左右夹辅，飞檐参错，斗拱交互。旁边珠柱四立，有抱鼓石保护。石面雕刻龙虎相斗、双凤朝阳、蝙蝠扑云等故事。

过牌楼，中为二殿，左右配殿，再北为正殿。这些殿宇，都用琉璃瓦覆盖，金碧辉煌，鲜莹耀目。脊饰华

丽，有狮拥莲台、象驮宝瓶、奇兽奔驰等景。各殿装饰，有如一座画廊，天上人间，飞禽走兽，花卉瓜果，琴棋书画，琳琅满目，美不胜收。

东西配殿的雕刻以人物为主，雕刻着大大小小的人物和神仙故事。画中的男女老少，个个表情丰富。一些佛教故事、传奇小说、戏剧场面中的人物都置于山水、亭榭、庙宇和阁楼间，层次分明，妙趣横生。

二殿前，雕刻着凤凰牡丹、花卉鸟兽等图案，布局巧妙，调工精美。全部透空雕成的飞龙，姿态活泼，栩栩如生，俨然真龙自天而降。花卉中的兰、竹、菊、桃、芭蕉、枇杷、灵芝、葡萄，鸟兽中的仙鹤、喜鹊、山鹰、鹿、马、狮、虎……形神兼备、仪态各殊。

开封古城内的这座华丽的会馆，建筑艺术别具风格，各殿精美的石雕、木雕和琉璃制品，堪称清代雕刻艺术的珍品。

知识点滴

在山陕会馆内照壁中间，有一块约为1.7米见方的"二龙戏珠"石雕。这幅图案不仅雕刻精美，而且还别有新意。两条龙被雕刻得活灵活现，栩栩如生。

但是，这里二龙所戏的"珠子"，却不是常见的圆形宝珠，而是一只蜘蛛。那么，这是为什么呢？

原来，古代的商人们认为，蜘蛛吐丝结网，寓意绣商的人际网络也像蜘蛛网一样，越结越广，越结越大，朋友遍天下，生意越做越火。为此，这里"二龙戏珠"的宝珠，便用了蜘蛛替代。